国家自然科学基金面上项目(51774133,52074117)资助

倾斜岩层巷道
变形机理与控制实践

吴　海　张　农　王卫军　著

中国矿业大学出版社

·徐州·

内 容 提 要

倾斜岩层道巷的变形和围岩破坏机理与普通巷道存在明显差异,巷道变形更加难以控制。本书采用工程调研、理论分析、物理模拟和数值计算等研究手段,总结归纳了倾斜岩层巷道顶、底板和两帮及四角的分区变形破坏情况,描述了不同区域内的应力分布特征,介绍了巷道不同区域围岩非均称变形的产生机理,揭示了巷道围岩不同区域不均匀变形的时空演化规律。在此基础上,本书提出了控制倾斜岩层巷道非均称变形的稳定控制技术,并且进行了工程验证研究。

本书可以作为采矿工程专业研究生和工程技术人员的参考用书。

图书在版编目(CIP)数据

倾斜岩层巷道变形机理与控制实践 / 吴海,张农,
王卫军著. —徐州:中国矿业大学出版社,2021.9
ISBN 978 - 7 - 5646 - 5118 - 3

Ⅰ. ①倾… Ⅱ. ①吴… ②张… ③王… Ⅲ. ①倾斜岩
层-巷道变形-围岩控制-研究 Ⅳ. ①TD31

中国版本图书馆 CIP 数据核字(2021)第 179426 号

书　　　名	倾斜岩层巷道变形机理与控制实践	
著　　　者	吴　海　张　农　王卫军	
责任编辑	陈红梅	
出版发行	中国矿业大学出版社有限责任公司	
	(江苏省徐州市解放南路　邮编 221008)	
营销热线	(0516)83884103　83885105	
出版服务	(0516)83995789　83884920	
网　　　址	http://www.cumtp.com　E-mail:cumtpvip@cumtp.com	
印　　　刷	广东虎彩云印刷有限公司	
开　　　本	787 mm×1092 mm　1/16　印张 10.75　字数 205 千字	
版次印次	2021 年 9 月第 1 版　2021 年 9 月第 1 次印刷	
定　　　价	48.00 元	

(图书出现印装质量问题,本社负责调换)

前　言

　　长期以来,煤炭作为我国的主要能源消费量巨大。为了满足国民经济对煤炭资源的需求,煤矿近年一直处于高强度开采状态,开采深度以 8～10 m/a 的速度增加,越来越多的煤矿进入深部开采,巷道支护难度越来越大。与此同时,我国煤炭开采中倾斜煤层开采占有相当大的比例,而这些倾斜岩层巷道围岩变形表现出明显的非均称变形特征,从而增加了巷道支护和巷道稳定控制的难度。

　　本书总结归纳了倾斜岩层巷道顶、底板和两帮及四角的分区变形破坏特征,描述了不同区域内的应力分布特征,阐明了巷道不同区域围岩非均称变形的产生机理,揭示了巷道围岩不同区域不均匀变形的演化过程及时空演化规律。在此基础上,本书提出围岩"应力优化—性能提升—结构强化"技术思路,并进行了工程验证研究。

　　全书共分 6 章:第 1 章介绍了目前倾斜岩层巷道支护方面的研究现状及存在的一些问题;第 2 章对于倾斜巷道围岩进行了分区和力学分析;第 3 章介绍了 20 MPa"三相五面"真三轴加载设备,进行了不同倾角的巷道围岩情况下的相似模拟试验,揭示了深部倾斜岩层巷道围岩变形的非均称特征;第 4 章采用数值模拟揭示了不同倾角下巷道围岩非均称变形的发展态势和时序性特征;第 5 章提出了巷道围岩优先加固区的概念,并介绍了目前主流的巷道围岩控制技术;第 6 章结合深部全岩巷道曲江矿－850 m 水平东大巷和淮南谢桥矿小煤柱沿空掘巷的倾斜岩层巷道案例,给出了工程验证。

本书的出版得到了国家自然科学基金面上项目（51774133，52074117）的资助，在此表示感谢。

由于作者水平所限，书中难免有不妥之处，敬请各位读者批评指正。

著　者

2021 年 4 月

目　　录

1　绪论 ……………………………………………………… 1

  1.1　研究背景和意义 ………………………………………… 1

  1.2　研究现状与存在问题 …………………………………… 4

2　深部倾斜岩层巷道的分区变形特征分析……………… 14

  2.1　倾斜岩层巷道变形特征实测与分析……………………… 14

  2.2　倾斜岩层巷道围岩变形分区 …………………………… 16

  2.3　不同区域岩体变形机理分析 …………………………… 18

  2.4　倾斜岩层巷道围岩破坏判据 …………………………… 21

  2.5　倾斜岩层巷道围岩应力分析 …………………………… 24

  2.6　倾斜岩层巷道围岩分区滑移危险识别 ………………… 29

  2.7　本章小结…………………………………………………… 30

3　三维物理模拟设备研制与试验研究……………………… 31

  3.1　三维物理模拟设备研制及其主要特征 ………………… 31

  3.2　倾斜岩层巷道物理模型的建立与模拟…………………… 39

  3.3　倾斜岩层巷道表面围岩变形和裂纹发展特征…………… 63

  3.4　倾斜岩层巷道围岩内部裂纹发展特征…………………… 74

  3.5　巷道围岩位移和应力演化特征…………………………… 77

  3.6　本章小结…………………………………………………… 82

4 深部巷道非均称变形随岩层倾角演化规律 ················· 83

4.1 深部倾斜岩层巷道模型构建 ····················· 83

4.2 巷道围岩表面位移随倾角变化规律 ················ 87

4.3 巷道围岩变形非均称性分析 ····················· 98

4.4 巷道围岩最大主应力随岩层倾角演化规律 ········· 101

4.5 巷道围岩层间滑移离层随岩层倾角变化规律 ······ 106

4.6 巷道围岩塑性区分布随岩层倾角变化规律 ········· 111

4.7 应力水平对倾斜岩层巷道变形影响规律 ··········· 161

4.8 本章小结 ······························· 120

5 深部倾斜岩层巷道围岩变形控制技术 ·············· 122

5.1 巷道围岩优先加固区与控制技术思路 ············· 122

5.2 倾斜岩层巷道围岩应力状态优化技术 ············· 123

5.3 倾斜岩层巷道围岩性能提升技术 ················· 124

5.4 倾斜岩层巷道围岩支护结构强化技术 ············· 131

5.5 本章小结 ······························· 135

6 工业性试验 ······························· 136

6.1 深部倾斜岩层全岩巷道实例:曲江矿－850 m 水平东大巷延

伸段 ································· 136

6.2 倾斜岩层小煤柱巷道实例:淮南谢桥矿 12521 工作面轨道巷 ······ 147

6.3 本章小结 ······························· 155

参考文献 ································· 156

1 绪 论

1.1 研究背景和意义

1.1.1 深部巷道的一般变形特征

煤炭工业是我国国民经济和社会发展的基础。长期以来,煤炭在我国一次能源生产与消费结构中占 70％左右(图 1-1),被视为"工业的粮食"[1]。《能源中长期发展规划纲要(2004—2020)》(草案)提出,我国要大力调整和优化能源结构,但仍将"坚持以煤炭为主体、电力为中心、油气和新能源全面发展的战略"[2]。据《国家能源发展战略 2030—2050》预计,2030 年我国煤炭需求将达到 38 亿吨[3]。因此,煤炭的安全高效生产事关国家经济发展的根基,煤炭作为我国主导能源的现状在相当长一段时期内难以改变。

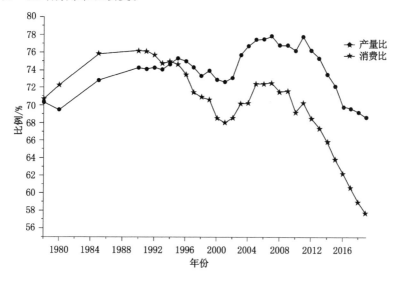

图 1-1 煤炭占一次能源生产与消费的比例

根据《全国煤炭资源预测和评价(第三次全国煤田预测)研究报告》可知,我国埋深在 2 000 m 以内的预测煤炭资源量为 55 697 亿吨,其中埋深在 1 000～2 000 m 以内的预测煤炭资源量为 27 080 亿吨,占到 2 000 m 以内预测煤炭资源量的 49%,如图 1-2 所示。随着浅部资源的逐渐开采耗尽,深部开采成为我国煤炭开采的必然趋势[4-5]。

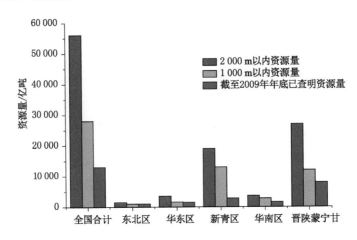

图 1-2 我国煤炭资源产地埋深分布图

近年来,我国煤矿一直处于高强度开采状态,下延速度达 8～10 m/a,越来越多的煤矿进入深部开采,特别是东北及中东部地区的一些矿区开采历史长,开采深度相对较大。据原国家煤矿安全监察局 2013 年初步统计,我国已有平顶山、淮南和峰峰等 43 个矿区的 300 多座矿井开采深度超过 600 m,逐步进入深部开采的范畴,其中开滦、北票、新汶、沈阳、长广、鸡西、抚顺、阜新、徐州等近 200 处矿井开采深度超过 800 m,开采深度超过 1 000 m 的矿井全国至少有 50 处[6]。目前,全国最深的矿井是新汶孙村煤矿,其开采深度达 1 501 m。

我国煤炭的赋存情况决定了我国煤矿以井工开采为主,这就需要在井下开掘大量巷道,据不完全统计,我国煤矿每年新掘进的巷道总长度近 2×10^4 km。巷道能否按时掘出,直接影响煤矿生产正常接替;保持巷道畅通和维护巷道稳定对煤矿建设和生产具有重要意义;巷道支护成本和可靠性直接影响煤炭企业的经济效益和安全生产。

研究表明,埋深 1 000 m 时巷道失修率是埋深 500～600 m 时的 3～15 倍,这些支护困难的巷道需要不断地翻修,直接影响煤矿生产的正常进行。巷道掘进与维护费用是煤炭企业成本的重要组成部分,部分煤矿的支护困难巷道每年需要翻修 3～4 次,巷道维修费用成本居高不下,有时维修一条巷道的成本甚至超过新掘一条巷道的成本。很多巷道因维护不当而报废,造成巨大的经济损失,致使矿井连年亏损。巷道前掘后修,使得有些煤矿近一半的员工需要从事巷道的掘进和维护等工作,不仅影响煤矿的运输能力,而且导致煤炭生产陷于停顿、半停顿状态。据统计,一个年生产能力为 120 万吨的深部软岩矿井,每年巷道维护费用就高达 1 亿元以上。据有关资料显示,近年来巷道支护成本大幅增加。在市场经济条件下,巷道支护结构成本和维护费用已经到了煤矿承受能力的边界,深部煤矿的巷道支护和后期维护费用占煤矿企业成本的 30% 左右,在目前煤炭市场持续低迷的情况下,一旦煤价波动幅度太大,将直接影响煤矿企业的正常运行。目前,进口煤价一直低位运行,国内煤矿企业必须从各方面降低开采成本,否则无法适应市场变化。因此,煤矿企业应充分掌握深部巷道的变形破坏规律,提出有效的巷道支护措施,不断降低支护成本。

1.1.2 深部倾斜岩层巷道的非均称变形及破坏

统计资料表明,我国煤炭资源可采储量约有 55% 赋存在倾斜岩层中。在统计的 50 处千米深部开采矿井中,就有 38 处矿井的煤层倾角大于 10°,其中有 11 处矿井的煤层倾角超过 30°,见表 1-1。

表 1-1 超千米深井煤层倾角分区表

煤层倾角/(°)	数量/个	煤层倾角/(°)	数量/个
≤10	12	31~40(含)	7
10~20(含)	17	41~50(含)	1
21~30(含)	10	≥51	3
		小计	50

现场实测表明,在深部高应力条件下,巷道围岩的岩层倾角增大,会增加巷道支护的复杂性,也会降低巷道围岩自身和巷道支护结构的稳定性;采用浅部传统支护方法,倾斜岩层巷道容易发生非均称大变形,甚至巷道结构失稳。煤矿现场巷道变形实测表明,岩层倾角在 10° 以上时,对深部巷道的变形具有明显影响,巷道围岩变形表现出时间上的非均匀和空间上的不对称等非均称特征。因此,要维护深部倾斜岩层巷道围岩和支护结构的稳定,就必须对深部倾斜岩层巷道围岩变形随岩层倾角的变化规律和巷道非均称变形产生机理进行研究。

1.2　研究现状与存在问题

目前,我国大部分煤矿处于浅部开采阶段,由于浅部围岩应力低,岩层倾角引起的巷道围岩变形和破坏差异并不明显,所以国内研究主要集中在近水平岩层巷道和大倾角岩层巷道不对称变形问题上,取得了一定的成果。

1.2.1　理论研究

煤矿现场通常采用对称支护结构来控制巷道围岩变形与破坏,如砌碹支护、锚杆支护、锚网支护、锚网索支护、锚喷支护、组合锚杆支护、U型钢支护等支护形式。针对水平岩层和大倾角巷道变形特征和变形机理的研究较多,针对巷道变形受岩层倾角的影响的研究相对较少。

何满潮等[7]总结分析了深部开采与浅部开采岩体工程力学特性的主要区别;并且针对深部工程所处的特殊地质力学环境,通过对深部工程岩体非线性力学特点的深入研究,指出进入深部的工程岩体所属的力学系统不再是浅部工程围岩所属的线性力学系统,而是非线性力学系统。

辛亚军等[8]建立了大倾角煤层软岩回采巷道围岩失稳状态方程,认为围岩稳定性与煤层倾角、剪切面长度及煤岩体物理力学参数有关,提出提高两帮支护强度利于巷道围岩稳定的技术方案。

刘少伟等[9]利用毕肖普算法建立了上帮煤体失稳模型,推导出上帮煤体稳定性安全系数的计算公式,计算出上帮煤体临界失稳路径为半径19.8 m,圆心距下帮水平距离为13.3 m的滑移面。

于远祥等[10-12]建立了基于支承压力作用下回采巷道两帮煤体的力学模型,分析了煤体与顶底板界面应力、煤体轴力的基本分布规律。

李树清等[13-14]建立了煤帮塑性区力学模型,认为支护结构区宽度增加,煤帮塑性区宽度呈近似线性减小;支护结构区内摩擦角增加,煤帮的塑性区宽度减小。

张农等[15-16]总结了包括巷道肩角失稳破坏、一帮内挤、底板(梁)凸起及全断面失稳等多种非均称破坏特征,提出以锚杆、锚索、注浆等主动支护为主体构建整体封闭式支护,辅以结构补强的技术原理,采用顶帮锚架注、拱脚连续锁腿约束及底板钻锚注等方法合理实施巷道全断面加固。

勾攀峰等[17-19]分析了大倾角煤层回采巷道顶板结构稳定性,构建了顶板"三角形结构体"稳定性力学模型,得出了顶板"三角形结构体"不同失稳形态下顶板稳定性判别准则。通过对深井巷道两帮锚固体破坏特征及作用机理分析,把深井巷道两帮锚固体失稳分为压裂失稳和剪切失稳,两帮锚固体首先失稳形态为压裂失稳,并提出锚杆、锚索耦合支护方案。

贠东风等[20-22]利用大倾角软岩巷道支护系统耗散结构和顶板监测等手段,提出巷道顶板支护系统熵流的计算公式,并提出沿大倾角巷道顶板掘进的施工理念来减弱巷道顶板的离层变形。

王卫军等[23-26]在总结现场试验的基础上,应用弹塑性力学及矿压理论揭示了急倾斜煤层巷道的矿压显现规律。

常聚才等[27]在急倾斜煤层锚网索支护巷道中,根据围岩性质的非对称性,提出急倾斜巷道支护重点是控制巷道两帮,提出了巷道支护中顶板锚杆、两帮锚杆和加强锚索的计算公式,为其他巷道的支护设计提供了借鉴。

张国锋等[28]针对岩层中薄弱面造成巷道非对称性变形的破坏特点,在理论分析的基础上提出支护设计方案。

冯仁俊等[29]对急倾斜巷道围岩变形破坏特征进行了深入的分析,借助岩石点荷载试验、围岩松动圈测试和数值模拟软件,对巷道围岩力学性质、围岩松动范围、应力分布、变形情况分别进行研究,得出急倾斜煤层巷道两帮围岩松动圈范围不同、围岩应力分布不均匀等变形破坏特征。

来兴平等[30]认为,急倾斜煤层开挖扰动区煤体动态变形具有明显局部化特征,定量分析了动压巷道两帮和顶板不同深度的侧向与垂直变形及演化特征。

在研究大倾角巷道变形特征与变形机理的同时,随着深部矿井中巷道支护难度和支护问题的增加,人们对于深部高应力巷道变形机理和支护对策的研究相对较多,并取得了一系列的研究成果,例如:

孟波等[31]利用滑移线场理论得到了均质弹塑性围岩发生剪切滑移破坏的滑移线场及包含破坏特征参数的极限载荷计算公式,讨论了围岩内摩擦角、黏聚力以及支护阻力对围岩承载力的影响,提出了以"阻剪抗滑"为技术核心的支护方案,收到了良好的效果。

杨旭旭等[32]为研究煤矿深部原岩应力对巷道围岩破裂范围的影响规律,研究不同初始应力状态下巷道围岩破裂范围。研究表明,初始径向应力对深部围岩破裂范围影响较为显著,且初始径向应力越大破裂范围就越小;初始剪切应力对围岩破裂范围的影响较小。此外,实测结果还证实了围岩岩性和巷道断面积是影响围岩破裂范围的重要因素。

姜耀东等[33]在大量现场研究、实验室模拟试验和数值计算的基础上,探讨了巷道底鼓的基本特征,分析了挤压流动性底鼓、挠曲褶皱性底鼓、剪切错动性底鼓和遇水膨胀性底鼓等4种类型底鼓的机理及影响因素,并认为巷道围岩的破坏非常普遍,但围岩的破坏并不意味着巷道的失稳,只要支护得当,围岩已破坏的巷道仍能保持稳定性。

何满潮等[34]针对夹河矿 2442 工作面上材料道复合顶板松散、破碎的问题,通过对该巷道工程地质条件的综合分析和地质力学评估,采用数值模拟和理论分析方法研究该类巷道的变形破坏机制,有针对性地提出锚网索耦合支护设计方案。

这些研究工作对于浅部急倾斜和深部高应力巷道支护方案的制定具有一定的指导作用,但是还有必要针对倾角对巷道变形的影响规律做进一步的研究。

1.2.2　模拟试验装置和物理模拟研究

在高应力物理模拟试验装置的研究方面,自 1936 年沃尔特(Walter)成功设计真三轴仪以来[35],国内外先后研制了多种真三轴仪,按照仪器中主应力加载方式的不同,一般可以分为三种:刚性水平加压板真三轴仪、柔性水平加压板真三轴仪和刚柔复合加压真三轴仪。受到真三轴仪原理、研制成本、国内土力学和土工测试技术发展水平等诸多因素的限制,我国 20 世纪 80 年代之前还没有自主研制和引进真三轴仪,后来真三轴仪的研制和试验研究也主要是在清华大学、同济大学、河海大学等高等院校进行的[36]。目前,国内的真三轴仪主要有:1985 年,清华大学研制的刚性水平加压板真三轴仪;1987 年,同济大学赵锡宏等研制了刚柔复合型真三轴仪;1990 年,吉林工业大学研制的刚性水平加压板类型真三轴仪,相对前两者性能比较完备、自动化程度比较高;1994 年,中科院武汉岩土力学所葛修润研究员主持研制的 RMT-64 岩石力学试验系统是一款较为成熟的试验设备,自动化程度较高[37];杨正等[38]研制用于岩土力学物理模型试验的大型自动控制的三轴压力试验设备;1995 年,河海大学殷宗泽教授主持开发的真三轴仪属于刚性水平加压板类型[39]。河海大学 2003 年研制的 ZSY-1 型复合型真三轴仪由河海大学与南京电力自动化研究所共同设计,由江苏溧阳市永昌土工试验设备厂加工制造。ZSY-1 型复合型真三轴仪在压力室、加荷系统、控制和量测系统、输出系统 4 个主要部分都有较大改进。但该系统三向载荷都来源于氮气瓶的气压源,载荷不足,且部分数据需要人工读取,智能化程度低,误差大。2004 年,中国矿业大学(北京)姜耀东等研制了一种新型真三轴巷道模型试验台,该试验台采用 6 个液压枕加载,最大施加载荷为 10 MPa[40]。

张强勇等[41-43]根据岩体地质力学模型试验的特点,研制出一种新型组合式三维地质力学模型试验台架装置。该装置主要由台架体和台架底盘组成,其中台架体由盒式铸钢构件通过高强度螺栓连接组合而成,台架底盘由带有螺栓槽的型钢钢板并列拼接而成。通过底盘高强螺栓可将台架体与台架底盘在所要求的螺栓槽位固定。该装置在某大型分岔隧道三维地质力学模型试验中的具体应用结果表明,其具有结构新颖、刚度大、整体稳定性好、组装灵活方便、尺寸可任意调整并能满足不同规模模型试验要求的显著技术优势。

朱维申等[44]为研究深埋和高地应力条件下地下洞群围岩稳定性,新研制大型真三轴加载地质力学模型试验系统,该系统主要出三维钢结构台架装置和液压加载控制系统组成,可实现全三轴应力状态下在侧向施加梯级载荷。在各加载面上研制和布设组合型滚珠式滑动墙,实现新型超低减摩技术。用该系统开展洞群开挖支护的模型试验,在试验技术和模型制作工艺上有了创新和重大改进:采用预制模块堆砌黏结成型的工艺方法制作模型,可提高全模型在力学性能上的一致性。

石露等[45]运用 FLAC3D 针对 Mohr-Coulomb 材料,模拟真三轴加载过程中端部摩擦对试样强度和变形行为的影响。计算结果表明,端部摩擦也可以产生虚假中间主应力效应,即使对于无中间主应力效应材料,中间主应力也会导致最大破坏主应力的增加,且摩擦系数越大,这种趋势越明显。分析了端部摩擦产生这种趋势的原因,指出了真三轴试验中减小端部摩擦的重要性。总的来说,国内真三轴试验台受当时科学技术制约,普遍存在以下问题:

(1)早期仪器多采用螺栓连接多个铸钢框架、盒式铸钢构件等组成整个框架系统,虽然增加了系统组装的灵活性,但往往导致系统强度、刚度及稳定性低,无法满足模拟深井岩体高地压环境的要求。

(2)早期仪器多以机械、氮气等方式作为加载动力源,少数仪器部分方向采用液压油作为动力源,加载应力普遍偏小,最大在 10 MPa 左右;并且无法精确控制加载方式及载荷大小,导致试验精度低,只能模拟一些简单的加载过程。

(3)早期仪器试验时试样采用人工就位,试验过程人工控制,试验精度偏低,无法适应当前学科发展和工程建设的需要。

(4)早期仪器位移、应力、应变、油温、油压等数据采用人工采集,误差较大,影响测试精度。

在物理模拟方面,物理模拟作为研究巷道变形的一个重要手段,一直受到科研工作者的关注。张平松等[46]通过对 25113 工作面的物理模拟和数值模拟,获得了急倾斜煤层大范围开采过程的围岩运动规律,揭示了顶帮下挫和底帮下滑式的非对称变形机理,指出巷道主要为拉破坏和剪破坏,支护的重点区域是巷道顶板和底帮上部。根据巷道的变形特征,确定采用内强式锚杆支护方法;根据顶帮下挫的变形特征,提出了优化巷道断面和锚网支护相结合的支护设计方法。实践证明该方法是成功的。

勾攀峰等[47]利用相似材料模拟试验,研究了回采巷道周边锚固体的变形破坏特征,指出锚固体的变形破坏属于脆性破坏,其变形破坏过程是在外载作用下锚固体内形成主破裂面,然后以破裂面的剪胀为主;并且锚固体在最终失去承载能力前,锚杆轴向及与之垂直方向的变形呈协调变化。

郭文兵等[48]应用物理模拟理论和光测弹性力学模拟试验方法,对煤矿软岩巷道围岩应力分布特点及位移特征进行了模拟研究,得出软岩巷道围岩在巷道有无封闭式支护情况下的应力分布规律、应力集中程度及位移特征,并探讨了由光弹模拟试验所得资料进行模型应力分离计算和位移分析确定的方法。研究结果揭示了支架与软岩巷道围岩相互作用的一些基本规律,对软岩巷道的支护设计及软岩工程相关问题的理论研究和生产实践具有指导意义。

杨科等[12]根据淮南矿区的地质条件结合平面物理模拟模型研究了大倾角巷道锚杆支护时的围岩变形、破坏和应力演化等特征,揭示了斜顶梯形巷道围岩的非对称变形机理,并且得出实体煤巷道应该重点支护顶板和高帮、小煤柱巷道重点支护顶板和低帮等结论。

伍永平等[49-51]采用现场观测办法对现场巷道进行观测和机理分析,提出复杂的地质力学环境、重复采动影响和支护方式及参数不合理是巷道呈"底板隆起、顶板下挫"相互错动的非对称变形破坏的主要原因,提出高强锚杆和让压锚索的支护方式。

张永涛等[52-53]建立了大倾角煤层回采巷道的平面相似材料模型,对大倾角回采巷道采用锚网支护进行了物理模拟,得出巷道底板的应力分布特征和两帮的裂纹特征。

王宁波等[54]在现场钻孔应力测试、声波探测、钻孔窥视等监测方法的基础上,得出巷道顶板和两帮的破坏呈现分区破裂演化特征,认为实体煤侧巷道帮的裂隙分布区域大于岩体侧的。

王宇锋等[55]模拟了巷道支护结构的轴向变形,验证了急倾斜煤层开采过程中支护结构"稳定—压缩—回弹—稳定"的变形特性。

李丹等[56]利用真三轴试验台,采用薄膜隔断岩层层理,模拟低应力环境下倾斜岩层中隧道的变形,较好地再现了低应力环境下倾斜岩层隧道围岩表面的位移情况,为顺层偏压隧道的加固机制研究及加固设计提供了试验基础。

刘刚等[57-58]采用模型试验,研究了不同节理方位的断续节理岩体中巷道围岩破裂区的产生与扩展机理。研究表明,随着应力的增大,围岩破裂区历经初始阶段、发展阶段与稳定阶段;围岩收敛速率的每一次突然增大,意味着巷道围岩产生一次剧烈的破坏,因此必须及时加强支护;当节理角度在30°～75°时,节理方位对岩体强度的影响较大,并且影响最大的角度在60°左右,此时围岩的强度最低,稳定性最差;相比节理岩体,完整岩体的变形量小、稳定性更好。

牛双建等[59-64]在大尺度(1 000 mm×1 000 mm×1 000 mm)真三轴试验台上再现了巷道开挖卸载效应的全过程,通过模型内部切片法获得深井巷道围岩无支护条件下的破坏模式和范围;借助自主研发的三维应力测试元件揭示深井巷道不同深度处围岩真实的加卸载应力路径与开挖前后应力状态,重点分析松动圈内外围岩主应力差的演化规律,并结合围岩破坏范围及模式对其机制进行探讨。

张明建等[65]研究揭示了在深部开采条件下煤矿巷道的有效支护是保证矿井安全高效生产的重要因素。运用相似材料模拟试验和现场工业性试验,研究了鹤壁煤电股份有限公司八矿深部倾斜岩层水平巷道围岩破坏特征,分析了随加载应力的增大和在不同支护方式下巷道围岩位移变化规律、巷道围岩裂隙演化特征及分布特征等,得出适合该地质条件下较为有效的支护方案。该研究结果能够直观地反映巷道围岩表面及其内部裂隙发生、发展的过程及联系,为巷道支护参数的合理选取提供依据。其研究方法和结论可为同类研究提供一定的借鉴。

曾开华等[66]认为,地质力学模型试验是根据一定的相似原理对特定工程地质问题进行缩尺研究的一种方法,其研究的对象主要是岩体,如何有效模拟岩体的结构性特征和产状是地质力学模型试验设计中需要考虑的一个重要方面。此外,物理模型试验还存在周期长、费用高、材料不可重复利用等不足。为此,结合中国深部煤岩的赋存特点,利用自行研制的 YDM-C 型岩体工程与地质灾害模拟试验装置,提出了采用物理有限单元板模拟岩体产状及结构性特征的新方法,并可通过回收上一次试验中尚未破坏的物理有限单元板,留待下次试验继续使用来缩短试验周期,降低试验成本。研究结果表明,YDM-C 系统能较好地满足模型边界的相似条件,使用板状结构单元可以很好地模拟岩体产状。

杨永康等[67]针对煤巷上方大厚度泥岩顶板在开挖支护后所表现的破坏现象,通过现场观察、室内试验、数值模拟试验、物理模拟试验及理论分析,对巷道变形破坏机制及控制对策进行系统研究,动态分析了围岩的变形和破坏过程,研究不同支护情况下巷道变形规律、破坏机制、应力分布及不同支护手段的加固效果。研究结论如下:① 泥岩风化崩解、碎裂扩容与应力调整过程中的高应力拉伸与剪切共同促使泥岩顶板破裂、离层和破碎的发生;② 原支护缺乏对围岩性质的准确判断导致巷道破坏与支护失效;③ 大厚度泥岩顶板煤巷支护的原则为,及时封闭围岩、提高下位岩层刚度、布置斜向锚索;④ 根据地质力学与环境条件,通过断面优化及支护参数优化能够有效避免大厚度泥岩顶板产生大变形。

王忠福等[68]针对深部高地应力巷道围岩大变形和失稳破坏的普遍问题,提出了对应的物理模拟材料配比,并进行了数值模拟试验和现场试验。

查文华等[69]采用相似材料平面模拟试验,提出了不同支护形式下的围岩变形规律,以及不同支护形式在急倾斜煤层巷道条件下的适应性及支护机理,从而为急倾斜煤层巷道支护决策提供依据。

肯特(F. L. Kent)等[70]研究了有关巷道围岩变形和锚杆受力的情况,通过塞尔比煤田当中巷道变形监测信息分析,分析并得出最大水平应力方向和顶板的软弱地质层面的数量对顶板变形有直接影响;得出围岩稳定性分类,用来评估顶板围岩质量和进行地质危险分析;验证了以前重点强调因地制宜的自然支护方式的正确性。

目前的物理模拟研究主要集中在平面相似模拟,模拟应力水平相对较低,无法模拟深部倾斜岩层巷道的变形特征。采用三维高应力模拟试验研究深部岩体力学行为特征的报道相对较少,为了掌握深部倾斜岩层巷道的非均称变形特征,有必要对深部倾斜岩层变形特征进行物理模拟。

1.2.3 数值计算与分析

对于节理分割的不完整巷道围岩变形特征的数值模拟研究,国内外普遍采用的模拟软件有 FLAC2D、FLAC3D、UDEC、3DEC、DDA、RFPA2D、RFPA3D和 ANSYS 等软件,还有近年来兴起的 ABAQUS 和 COMSOL 软件等。

张蓓等[71]和冯俊伟等[72]建立了不同岩层倾角下的 FLAC2D 数值计算模型,研究了大倾角煤层巷道围岩非对称变形破坏机制,提出大倾角煤层巷道围岩关键部位非对称耦合支护对策,为大倾角煤层回采巷道进行锚杆支护设计提供了理论依据。

金淦等[73]按实际地质条件建立数值计算模型,分析无支护状态时非对称回采巷道弹塑性变形范围及位移场分布特征,并运用巷道围岩的控制理论提出合理的围岩控制方案,对于此类巷道围岩稳定性分析及围岩控制研究具有指导作用。

杨仁树等[74]采用工程类比法及 FLAC3D 数值分析软件,对直墙圆拱形断面、矩形断面和梯形断面三种方案在不同的支护方式下巷道围岩的位移变形情况、应力分布情况等进行了模拟分析比较。研究结果表明,直墙圆拱形巷道的垂直和水平变形量比其他两个方案分别低 78% 和 23%,且应力分布较均匀,更加适合大倾角松软煤层巷道的开挖支护。

何满潮等[75]和王晓义等[76]针对孔庄矿−785 m 水平轨道大巷地应力水平和围岩黏土矿物含量较高,并受上部采空区影响,呈现明显的非对称变形的特征,在对孔庄矿进行工程地质调查与分析的基础上,结合室内岩石力学试验,运用 FLAC3D 三维数值模拟方法,研究巷道非对称变形时周围岩体的位移场分布规律,分析巷道推进到上部工作面下方时应力分布规律。

李刚等[77]根据吕家坨煤矿深部高应力软岩巷道围岩主要物性参数的实验室测试以及现场围岩变形观测的结果,利用 FLAC3D 软件进行了数值模拟试验。研究结果表明,高应力软岩巷道控制技术的关键在于支护结构和围岩体强度的耦合作用和控制底鼓,提出了以加强初次支护强度和采用底角锚杆为技术核心的支持方案。现场实践表明,该方案对高应力软岩巷道围岩变形的控制效果较好。

秦涛等[78]采用 UDEC4.0 数值模拟软件,对急倾斜松软煤层回采巷道围岩变形破坏规律进行研究。研究结果表明,急倾斜松软煤层两端区是破坏的集中区域,下端头破坏更为剧烈,急倾斜松软煤层巷道的变形与破坏具有非对称性;急倾斜煤层巷道无支护时,巷道冒顶、底鼓、上帮破坏比较严重,而采用锚杆支护后,底鼓是影响上帮稳定性的关键,巷道上帮底角是控制的关键部位。

库拉提奈克(Kulatilake)和德根(Denghan)等[79-80]认为,煤矿巷道支护结构对于煤矿企业的安全、产出率和经济性都有重要的影响;并利用 3DEC 软件模拟了深部高应力巷道的支护结构的稳定性。

巴克斯特伦(Backstrom)等[81]利用 3DEC 软件建立了三维的巷道模型,并利用模型进行了深入的研究。

荣冠等[82]采用 UDEC 和 3DEC 离散元程序模拟锦屏一级水电站河谷的演化发展情况,对河谷边坡不同演化阶段应力场的变化规律及变形与卸荷分带规律进行深入分析,得到局部应力集中到超过岩体强度而产生岩体屈服破坏的结果。

郭东明等[83]等利用不连续变形分析(DDA)方法对不同的支护方案建立大倾角松软厚煤层的数值模拟模型,模拟了巷道在不同支护条件下的变形破坏过程,比较了不同支护方式下围岩的变形、垮落情况。研究表明,大倾角松软厚煤层巷道采用"锚杆＋锚索＋W 型钢带＋高强度塑料网"联合支护形式效果最好。

唐冶等[84]利用 ANSYS 软件,建立了急倾斜煤柱开采后对巷道影响的数值模拟模型。研究结果表明,煤柱开采对于周围巷道围岩的应力分布有较大的影响。

王连国等[85]采用 ANSYS 软件,对深部软岩巷道锚注支护前后围岩变形破坏规律进行了数值模拟,对锚注支护前后围岩的应力、位移及塑性区的变化情况等进行了系统分析。研究结果表明,锚注支护显著提高了围岩的强度和承载能力,有效地控制了深部软岩巷道的损伤变形。

包海玲等[86]用有限元软件 ANSYS 建立了层状岩体中穿层巷道模型,分析了穿层巷道的变形特征,提出了软岩巷道支护的着眼点应放在充分利用和发挥自承能力上的支护方案。

陶连金等[87]采用离散元法对大倾角巷道的变形破坏形式进行了研究,结合现场围岩松动范围实测状况,指出巷道高帮普遍破坏严重,它是大倾角煤层回采巷道的薄弱环节。

贾蓬等[88]利用 RFPA2D 研究了 0°、30°、45°和 60°倾角岩层软弱结构面岩体中隧道变形的破坏特征。研究结果表明,随层状结构面倾角的增大,隧道周边应力分布的非对称性增强,同时对边墙的受力有不利影响。

李学华等[89]采用 RFPA 数值模拟系统研究了下伏两煤层开采引起的岩层运动规律,就大巷支护方式、下伏煤层与大巷距离、下伏煤层开采顺序等因素对－115 m 水平大巷围岩稳定性造成采动影响的普遍规律进行了系统分析,并提出相应措施。

来兴平等[90]为解决大倾角综采放顶煤技术难题,综合分析了大倾角特厚煤层综采放顶煤工作面关键位置的煤岩力学性态、支架受力的模态、开采过程煤岩运动规律和应力分布规律。通过数值计算和物理模拟分析了煤岩运动非稳态演化特征及力学性态,为在开采中寻找提高大倾角特厚煤层综采放顶煤采出率的技术提供了有力的佐证。

柏建彪等[91-94]采用数值模拟的方法进行了动态力学环境下的深部小煤柱的应力分析以及回收煤柱过程中的安全评估,为深部巷道小煤柱的应力状态、变形失效的安全分析提供了一种研究途径。

这些研究主要就某一种具体情况进行,对深部岩层倾角对巷道变形的影响规律缺乏系统性的研究。

1.2.4　国内外巷道围岩控制技术

何满潮等[95-96]根据煤矿软岩的变形力学机制,提出耦合支护力学原理,认为煤矿软岩巷道支护存在的主要问题是支护体与围岩之间的强度或刚度的不耦合问题,详细论述了耦合支护的研究思路,并在工程实践中得到了验证。

张农等[97-102]结合锚杆使用中存在的问题,提出了煤巷高强预应力锚杆支护技术,提出了包括高性能预拉力锚杆、钢绞线预拉力桁架和 M 型钢带等几种新型实用的预应力控制手段。

王卫军等[103-104]从控制围岩集中应力转移和缩小围岩破碎区范围出发,分析了水井头煤矿－300 m 水平东大巷的变形破坏特征,提出了采用高强度锚杆、强力锚索、注浆加固围岩的高阻让压和高强度支护技术,并确定了合理耦合的各支护环节的支护时间。基于巷道围岩松散破碎、两帮充填不实、木支架临时支护等复杂条件,分析了斜岭煤矿＋60 m 水平运输大巷破坏机理及原因,提出采用"两步耦合注浆"新技术对该巷道进行维修,成功解决了支护难题,取得了良好的支护效果。

邵光宗等[105]运用软岩工程地质力学理论,正确分析软岩巷道的复合型变形机制的类型,采用耦合支护技术,成功解决了矿井深部软岩的支护问题。

王宏伟等[106-109]对巷道的稳定性状况和煤矿动力灾害发生的案例进行分析,为小煤柱实测研究提供了一定的参照。

马念杰等[110]在保德煤矿回采巷道进行了巷道围岩变形与冒顶控制试验,摒弃使用锚索刚性大的支护限制变形方法,改用具有高延伸量的对接长锚杆适应此类围岩变形,并持续提供较高支护阻力防止松动围岩垮落引发冒顶。据此提出了用对接长锚杆取代锚索的支护技术,增加支护构件与巷道围岩变形的协调性。

李学华等[111]认为,高应力巷道围岩塑性区、破碎区范围大,在其服务期间围岩破坏严重,是巷道围岩控制中的关键问题,也是研究的前沿和重点;提出将巷道围岩应力从浅部转移到深部是控制巷道围岩变形、保持巷道良好维护状态的技术途径;提出了巷道顶板掘巷松动爆破、巷道底板掘巷松动爆破、上行开采、巷道底板松动爆破再注浆加固和巷道迎头超前开槽(孔)等 5 项应力转移新技术。

孙晓明等[112]针对深部倾斜岩层中巷道围岩非对称变形破坏现象,对其变形破坏机制及耦合控制对策进行了数值模拟与工程应用研究,提出相应对策。

李术才等[113-114]针对巨野矿区深部高地应力厚顶煤巷道支护特点,以"先抗后让再抗"支护理念为指导,研制高强让压型锚索箱梁(PRABB)支护系统。以赵楼煤矿深部厚顶煤巷道为工程背景,在 3302 工作面巷道进行 6 种支护系统的现场试验对比研究。现场试验结果表明:① 相对原支护方案,6 种锚索梁支护系统均能有效控制巷道围岩变形;② PRABB 支护系统试验段巷道支护效果整体优于工字钢锚索梁方案,前者围岩变形量比后者小 15%～25%。

刘泉声等[115]对顾北矿区深井软岩破碎巷道底鼓影响因素、特性进行了分析,认为底鼓主要是由于巷道底板处于敞开状态而成为巷道变形和应力释放的主要场所,软弱破碎的围岩在地应力作用下挤压流入巷道内,形成较大的挤压流动性底鼓;提出了采用混凝土反拱地坪、深浅孔注浆、高预应力组合锚索的针对深井软岩破碎巷道底鼓综合处置技术,同时研制开发底板锚索钻机,解决了底板组合锚索孔施工的困难,能有效治理底鼓,还能加强两帮稳定性。

孙利辉等[116]在详细分析深部巷道围岩变形特征的基础上,以陶二煤矿新南总巷道支护为例,验证了连续双壳支护的合理性。

目前,深部巷道围岩控制技术对于近水平或水平巷道的围岩变形有良好的控制作用,但是未考虑岩层倾角引起的巷道围岩非对称性变形,现场容易出现局部大变形而导致巷道支护结构失稳的现象。

2 深部倾斜岩层巷道的分区变形特征分析

深部倾斜岩层巷道的变形和破坏过程受到层状节理和岩层倾角的影响,而显现出和普通近水平巷道不同特征。结合深部倾斜巷道围岩的岩石力学参数、赋存情况和变形破坏特征,利用材料力学和岩体力学有关理论[117-118],按照围岩变形和破坏特征的不同对深部倾斜岩层巷道围岩进行分区。

2.1 倾斜岩层巷道变形特征实测与分析

对江西丰城矿区曲江矿深部巷道进行了井下现场调研和数据观测,采用现场拍照、表面收敛测量和巷旁钻孔窥视等手段获取巷道围岩现场变形资料。巷道底板标高为−850 m,地表标高为 40～50 m,岩层倾角为 15°。观测数据表明巷道围岩表现出非均称变形特征:巷道底板非对称变形,高帮侧变形大,低帮侧变形小;巷道两帮变形特征不同,低帮肩角处剧烈变形,高帮底角处围岩变形破坏严重,如图 2-1 所示。

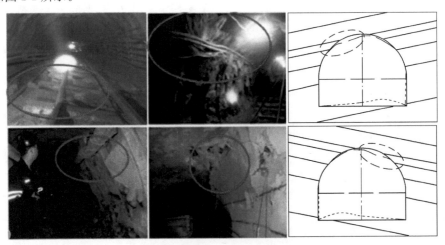

图 2-1 巷道围岩非均称变形示意图

对巷道两帮进行钻孔窥视掌握了两帮内部破坏情况,巷道两帮窥视钻孔布置方案见图 2-2。窥视孔为深度 6 m 的水平孔,孔径 32 mm,钻孔高度距离巷道底板 1 m,水平间距为 1.6 m。窥视钻孔采用专用帮部锚索钻机。在钻孔过程中,采用注水降温、降尘。在高帮窥视孔钻孔过程中,相邻窥视孔中发生不同程度涌水现象,具体涌水情况见表 2-1。而在低帮钻孔过程中,相邻钻孔均未出现涌水现象。

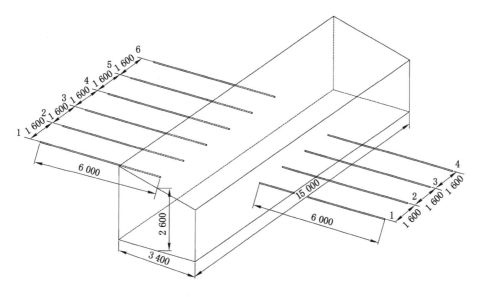

图 2-2　巷道两帮窥视钻孔布置方案

表 2-1　高帮钻孔涌水情况

钻孔号	涌水孔号	钻孔号	涌水孔号
高帮 1 号	—	高帮 4 号	2,3
高帮 2 号	1	高帮 5 号	3,4
高帮 3 号	1,2	高帮 6 号	4,5

根据钻孔窥视结果,得到巷道两帮围岩破碎带分布钻孔柱状图(图 2-3)。破碎带钻孔柱状图表明,在深部倾斜岩层巷道高帮和低帮内围岩结构破坏情况不一致,高帮靠近巷道表面 3 m 范围内裂隙发育丰富,在 2 m 范围内,围岩破坏严重,并且裂纹相互贯通;低帮内裂隙发育少,围岩比较完整,只在巷道表面 2 m 范围内有一定的裂隙产生,而且主要集中在 1 m 范围内。钻孔涌水现象和窥视结果均表明,在深部高应力条件下,虽然巷道围岩倾角只有 15°,但是岩层倾角

仍然对巷道两帮结构变形产生了显著影响。巷道两帮围岩在变形形式和变形量上都有明显差异,高帮的变形量大,裂隙发育丰富;低帮的变形量小,裂隙发育少。

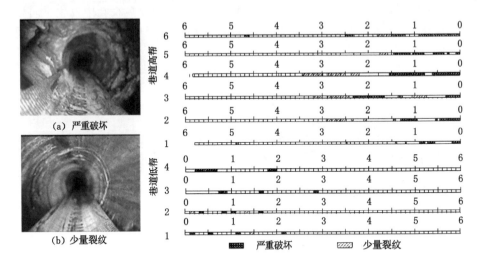

图 2-3　巷道破碎围岩实照及破碎带分布图(单位:m)

2.2　倾斜岩层巷道围岩变形分区

深部倾斜岩层巷道在高地应力作用下,岩层倾角对非均质层状巷道围岩变形和破坏的影响较巷道埋深较浅时有明显增加。图 2-1 和图 2-3 表明,巷道围岩变形和破坏表现出显著的非对称性,即在时间上表现出发生时间不同步,在空间上表现出变形不对称。

传统水平或者近水平岩层巷道一般是将巷道围岩分为四个区域(图 2-4)三个部分进行研究,分别是巷道的顶板、底板和两帮。但由于岩层倾角的存在,深部倾斜岩层巷道的分区仍然沿用这种方法显然是不合适的。因此,对深部倾斜岩层巷道围岩开展更细致的变形区域划分,按巷道层状围岩、巷道位置关系和巷道围岩变形差异,将巷道围岩划分为 7 个不同区域,如图 2-5 所示。

图 2-5 中,4 条分区线(虚线①号、②号、③号和④号)和岩层倾向平行,4 条分区线和巷道表面相交后,将巷道围岩分成了 7 个区域。①号分区线与巷道顶板相切,这条直线上方区域划分为Ⅰ区;③号分区线和巷道高帮底角相交,这条直线下方区域划分为Ⅳ区;在①号和③号两条分区线中间所包含的高帮和与之

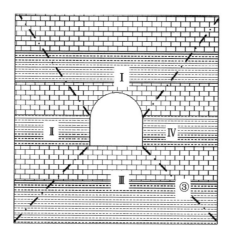

图 2-4 巷道围岩四区图

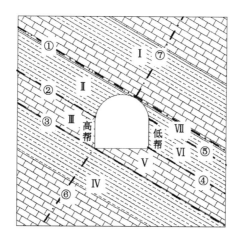

图 2-5 倾斜岩层巷道变形区域划分图

相邻的顶板区域,由通过高帮和顶板表面线交点的②号分区线分为Ⅱ区和Ⅲ区;在①号和③号两条分区线中间包含的低帮和与之相邻的底板区域,由通过低帮表面线和底板表面线交点的④号分区线分为Ⅴ区和Ⅵ区。⑤号分区线将低帮和顶板肩角处的围岩从顶板和低帮相切位置分为Ⅵ区和Ⅶ区。Ⅰ区和Ⅳ区的岩层完整性没有被巷道开挖破坏,Ⅱ区、Ⅲ区、Ⅴ区、Ⅵ和Ⅶ区岩体被巷道开挖破坏。因此,根据不同区域的岩体约束条件和破坏形式,分别建立力学模型,并进行简化力学分析[119-120]。

2.3 不同区域岩体变形机理分析

根据不同分区的围岩结构条件、力学条件及变形机制,将深部倾斜岩层巷道围岩变形和破坏的结构模型按照岩层的完整性分为两类,并进行力学分析,从而得出这些区域的主要受载特征及破坏类型。

2.3.1 Ⅰ区和Ⅳ区岩体变形力学模型

Ⅰ区和Ⅳ区内层状围岩的完整性未受到巷道掘进影响,Ⅰ区围岩弯曲变形以岩层与巷道顶板的相切点法线(⑦号)对称分布;Ⅳ区围岩弯曲变形则以岩层法线过高帮底角法线(⑥号)对称分布,由此建立岩体梁变形的力学模型。岩层倾角为 α,岩体梁两端所受的顺层压力为 F,法向均布载荷为 $q_1(x)$,相邻岩体梁阻力载荷为 $q_2(x)$,岩体梁的长度为 l(巷道变形的影响范围和岩层相交的长度),如图 2-6 所示。

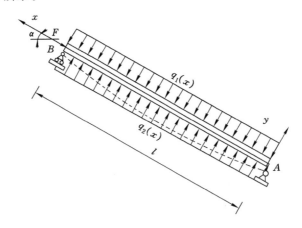

图 2-6 岩体梁弯曲变形力学模型

因此,岩体梁的弯矩方程为:

$$M(x) = \frac{ql}{2}x - \frac{q}{2}x^2 - Fw \tag{2-1}$$

式中,F 为岩体梁两端所受的顺层压力;q 为均布载荷,$q = q_1(x) - q_2(x)$;w 为岩体梁挠度。

则:

$$\frac{\mathrm{d}^2 w}{\mathrm{d}x^2} = \frac{M}{EI} = \frac{q}{2EI}lx - \frac{q}{2EI}x^2 - \frac{F}{EI}w \tag{2-2}$$

令 $k^2 = \dfrac{F}{EI}$ ，并代入上式，则：

$$w'' + k^2 w = \left(\frac{q}{2F} lx - \frac{q}{2F} x^2 \right) k^2 \tag{2-3}$$

其通解为：

$$w = A\sin(kx) + B\cos(kx) - \frac{q}{2F} x^2 + \frac{ql}{2F} + \frac{q}{Fk^2} \tag{2-4}$$

由边界条件确定积分常数：

当 $x=0$ 时，$w=0$，得：$B = -\dfrac{q}{Fk^2}$ ；当 $x=\dfrac{1}{2}$ 时，$w'=0$，得：$A = -\dfrac{q}{Fk^2} \tan\dfrac{kl}{2}$ 。

由此得到岩体梁的挠曲方程为：

$$w = \frac{q}{Fk^2} \left[1 - \cos(kx) - \tan\frac{kl}{2} \cdot \sin(kx) \right] - \frac{q}{2F}(lx - x^2) \tag{2-5}$$

将式(2-5)代入式(2-1)中，可以得到弯矩方程为：

$$M(x) = \frac{-q}{k^2} \left[1 - \cos(kx) - \tan\frac{kl}{2} \cdot \sin(kx) \right] \tag{2-6}$$

由此可知，最大挠度产生在 $x=\dfrac{l}{2}$ 处，将 $x=\dfrac{l}{2}$ 代入式(2-5)，得：

$$w = \frac{q}{k^2 F} \left[l - \frac{l}{\cos(kl/2)} \right] + \frac{ql^2}{8F} \tag{2-7}$$

最大弯矩也产生在 $x=\dfrac{l}{2}$ 处，将 $x=\dfrac{l}{2}$ 代入式(2-6)，得：

$$M(x) = -\frac{q}{k^2} \left[l - \frac{l}{\cos(kl/2)} \right] \tag{2-8}$$

2.3.2 Ⅱ区和Ⅲ区岩体变形力学模型

Ⅱ区和Ⅲ区内岩层的下方和巷道相交，岩层倾角为 α，倾斜岩体梁的均布载荷为 $q_1(x)$，相邻岩层梁的均布阻力为 $q_2(x)$，倾斜岩体梁的长度为 l，如图 2-7 所示。

巷道围岩的变形可根据结构岩体梁挠曲方程求出，岩层挠曲方程根据挠曲变形的叠加法，分别求出 $q_1(x)$ 和 $q_2(x)$ 的挠曲方程，然后再进行叠加。根据材料力学相关的理论可知，$q_1(x)$ 和 $q_2(x)$ 的挠曲方程分别为：

$$w_1 = \frac{-q_1(x)}{24EI}(x^2 - 4lx + 6l^2) \tag{2-9}$$

$$w_2 = \frac{-q_2(x)}{24EI}(x^2 - 4lx + 6l^2) \tag{2-10}$$

可得岩体梁的变形方程为：

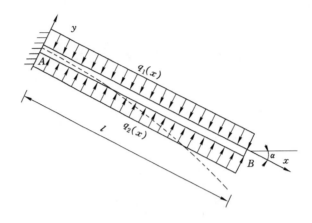

图 2-7　岩体梁弯曲变形力学模型

$$w = \frac{-\left[q_1(x) - q_2(x)\right]}{24EI}(x^2 - 4lx + 6l^2) \tag{2-11}$$

2.3.3　Ⅴ区、Ⅵ区和Ⅶ区岩体变形力学模型

同理，Ⅴ区、Ⅵ区和Ⅶ区内岩层的变形（见图 2-8），可以根据岩体梁的挠曲方程求出，岩层的挠曲方程可以根据挠曲变形的叠加法，分别求出 $q_1(x)$ 和 $q_2(x)$ 的挠曲方程，然后再进行叠加。根据材料力学可知，$q_1(x)$ 和 $q_2(x)$ 的挠曲方程分别为：

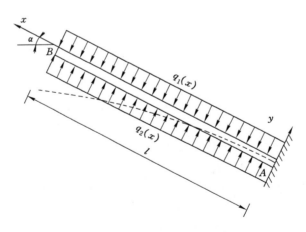

图 2-8　岩体梁弯曲变形力学模型

$$\begin{cases} w_1 = \dfrac{-q_1(x)}{24EI}(x^2 - 4lx + 6l^2) \\[3mm] w_2 = \dfrac{-q_2(x)}{24EI}(x^2 - 4lx + 6l^2) \end{cases} \tag{2-12}$$

可以计算出岩体梁的变形方程为：

$$w = \frac{-[q_1(x) - q_2(x)]}{24EI}(x^2 - 4lx + 6l^2) \tag{2-13}$$

2.4　倾斜岩层巷道围岩破坏判据

倾斜岩层巷道围岩破坏是围岩在应力和应变条件下引起的剪切破坏或拉伸破坏，也就是巷道围岩所受的剪切力或拉力超过了巷道围岩抗剪强度或抗拉强度，即：

$$\sigma_c \geqslant [\sigma_c] \text{或} \tau_T \geqslant [\tau_T]$$

式中，σ_c 为岩体梁内的拉应力；τ_T 为岩体梁内的剪切应力；$[\sigma_c]$ 为岩石材料的抗拉强度；$[\tau_T]$ 为岩石材料的抗剪切强度。

2.4.1　倾斜岩层巷道围岩拉伸破坏判据

倾斜岩层巷道围岩不同分区内的岩体梁横截面上的拉应力，是判定岩体梁是否发生拉伸破坏的标准。这里沿用材料力学中梁的弯曲应力来进行分析。

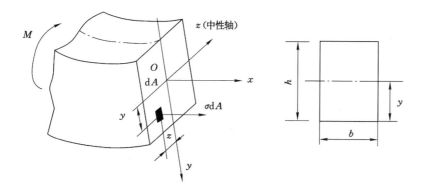

图 2-9　岩体梁力学关系图

根据材料力学的梁弯曲理论可知，Ⅰ区和Ⅳ区的结构岩体梁的最大弯矩方程为：

$$M(x) = -\frac{q}{k^2}\left[l - \frac{l}{\cos(kl/2)}\right] \tag{2-14}$$

故Ⅰ区和Ⅳ区岩体梁的最大应力为：

$$\sigma_{c,max} = \frac{F}{A} + \frac{M_{max}}{W} = \frac{Fhk^2 - 6[q_1(x) - q_2(x)]\left[l - \frac{l}{\cos(kl/2)}\right]}{bk^2h^2} \tag{2-15}$$

Ⅱ区、Ⅲ区、Ⅴ区、Ⅵ区和Ⅶ区岩体梁内的拉应力为：

$$\sigma_c = \frac{My}{I} \tag{2-16}$$

式中，M 为岩体梁截面内的弯矩；y 为岩体梁中性轴距离岩体梁表面的距离，m；I 为岩体梁截面对中性轴的惯性矩。

对于岩体梁，结构截面为矩形断面，则：

$$\begin{cases} I = \dfrac{bh^3}{12} \\ y = \dfrac{h}{2} \end{cases} \tag{2-17}$$

式中，b 为岩体梁的宽度，m；h 为岩体梁的厚度，m。

将式(2-17)代入式(2-16)，则：

$$\sigma_c = \frac{My}{I} = \frac{M(h/2)}{bh^3/12} = \frac{6M}{bh^2} \tag{2-18}$$

因为Ⅱ区、Ⅲ区、Ⅴ区、Ⅵ区和Ⅶ区岩体梁的最大弯矩为：

$$M_{max} = \frac{[q_1(x) - q_2(x)]}{2}x^2 \tag{2-19}$$

有Ⅱ区、Ⅲ区、Ⅴ区、Ⅵ区和Ⅶ区岩体梁的最大应力为：

$$\sigma_{c,max} = \frac{3[q_1(x) - q_2(x)]x^2}{bh^2} \tag{2-20}$$

由此可知：

(1) Ⅰ区和Ⅳ区岩体梁的拉伸破坏判据

$$\sigma_{c,max} = \frac{Fhk^2 - 6[q_1(x) - q_2(x)]\left[l - \frac{l}{\cos(kl/2)}\right]}{bk^2h^2} \geqslant [\sigma_c] \tag{2-21}$$

(2) Ⅱ区、Ⅲ区、Ⅴ区、Ⅵ区和Ⅶ区岩体梁的拉伸破坏判据

$$\sigma_{c,max} = \frac{3[q_1(x) - q_2(x)]x^2}{bh^2} \geqslant [\sigma_c] \tag{2-22}$$

2.4.2　倾斜岩层巷道围岩剪切破坏判据

倾斜岩层巷道围岩不同区域岩体梁横截面上的剪切应力是判定岩体梁是否

发生剪切破坏的标准。岩体梁内剪切应力可以由材料力学进行分析,如图 2-10
所示。

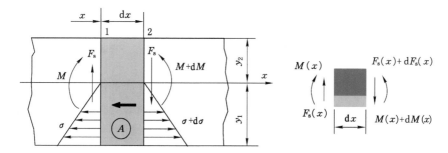

图 2-10　岩体梁内剪应力分布图

对于简支岩体梁,其中性轴上的剪切应力最大,则:

$$\tau_{\max} = \frac{3F_s}{2bh} \tag{2-23}$$

式中,F_s 为横截面上的剪力;b 为横截面的宽度;h 为横截面的高度。

因此,Ⅰ区和Ⅳ区岩体梁的最大剪切应力为:

$$\tau_{\max} = \frac{3F_s}{2bh} \tag{2-24}$$

Ⅰ区和Ⅳ区岩体梁的两端剪力 F_s 最大,即:

$$F_s = \frac{1}{2}\big[q_1(x) - q_2(x)\big] \tag{2-25}$$

则:

$$\tau_{\max} = \frac{3\big[q_1(x) - q_2(x)\big]}{4bh} \tag{2-26}$$

Ⅱ区、Ⅲ区、Ⅴ区、Ⅵ区和Ⅶ区岩体梁固定端剪力 F_s 最大,则:

$$\tau_{\max} = \frac{3\big[q_1(x) - q_2(x)\big]}{2bh} \tag{2-27}$$

因此:

(1) Ⅰ区和Ⅳ区层状岩体梁的剪切破坏判据

$$\tau_{\max} = \frac{3\big[q_1(x) - q_2(x)\big]}{4bh} \geqslant [\tau_T] \tag{2-28}$$

(2) Ⅱ区、Ⅲ区、Ⅴ区、Ⅵ区和Ⅶ区岩体梁的剪切破坏判据

$$\tau_{\max} = \frac{3\big[q_1(x) - q_2(x)\big]}{2bh} \geqslant [\tau_T] \tag{2-29}$$

不同区域的岩体的剪切破坏判据表明,在 $q_1(x) - q_2(x)$ 一定的条件下,若

层状岩体的$[\tau_{\mathrm{T}}]$相同,则Ⅰ区和Ⅳ区岩层中岩体的剪切应力要小于Ⅱ区、Ⅲ区、Ⅴ区、Ⅵ区和Ⅶ区结构的剪切应力,从而在剪切应力的作用下,Ⅱ区、Ⅲ区、Ⅴ区、Ⅵ区和Ⅶ区岩体将会在Ⅰ区和Ⅳ区岩体之前发生剪切破坏。

2.5 倾斜岩层巷道围岩应力分析

巷道开挖破坏了巷道围岩的原岩应力场,岩体临空面形成,岩体中的正应力分量转移到平行于开挖面的方向,巷道表面由原来的三向受力变为双向受力,巷道表面成为主应力面,由于巷道两帮是垂直的,因此巷道两帮表面所受的主应力分量正好在垂直方向和水平方向上,如图 2-11 所示。

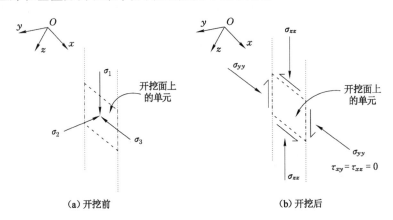

(a)开挖前   (b)开挖后

图 2-11 巷道表面受力变化图

在巷道围岩应力解析分析中,圆形孔状巷道的均质围岩应力分布已经得到了比较深入的分析。但是,倾斜岩层巷道在岩体层状结构和岩层倾角的共同影响下,巷道围岩的力学性质和受力形式较一般完整岩体或者近水平岩层有所不同。如果巷道是非圆形巷道,那么巷道围岩的应力计算将变得更为复杂。图 2-12 为倾斜岩层巷道围岩倾角示意图。

倾斜岩层巷道围岩中岩层倾角为α,在巷道周边围岩中未受到采动影响的区域中水平应力为σ_{h},垂直应力为σ_{v}。由于岩体临空面的形成,在巷道表面附近的围岩中,这两个力的方向发生变化,显现为沿巷道表面切向的力σ_{t}和垂直于巷道表面的力σ_{r}。

(1)Ⅱ区和Ⅶ区岩体受力分析

由于巷道开挖,Ⅱ区和Ⅶ区内岩层的完整性受到破坏,因此也影响了区内岩体的受力特征。图 2-13 为Ⅱ区内巷道表面岩体的受力简图。受巷道的开挖影

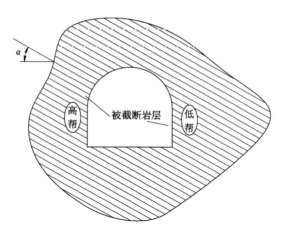

图 2-12　倾斜岩层巷道示意图

响,巷道表面的正应力方向转移为平行于巷道表面,因此在巷道表面,$\sigma_r=0$,只有切向主应力 σ_t 存在。σ_t 在 Ⅱ 区的不同位置和岩层倾向夹角不同,随着深入巷道围岩内部,σ_r 逐渐增加。

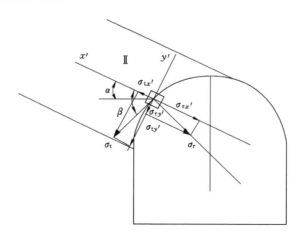

图 2-13　Ⅱ区岩体受力图

从图 2-13 中可知,Ⅱ 区内岩体所受的应力可以分解为顺层力和垂直于岩层的力,x' 为岩层的倾斜方向,y' 为岩层的法向方向,α 为岩层倾角。在不考虑重力影响下,Ⅱ 区内岩体的受力表达式分别为:

$$\sigma_{\Ⅱ x'} = \sigma_{tx'} - \sigma_{rx'} = \sigma_t \cos \beta - \sigma_r \sin \beta \tag{2-30}$$

$$\sigma_{\Ⅱ y'} = \sigma_{ry'} + \sigma_{ty'} = \sigma_t \sin \beta + \sigma_r \cos \beta \tag{2-31}$$

式中,β 为巷道表面切向线和岩层倾向的夹角。

其中,力的方向指向巷道围岩内部为正(压力),指向巷道外部为负(拉力)。

图 2-14 为Ⅶ区内巷道表面岩体的受力图。Ⅶ区巷道表面围岩的受力情况为:

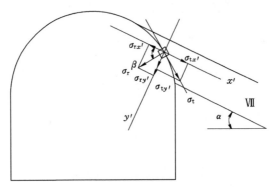

图 2-14 Ⅶ区岩体受力图

$$\sigma_{x'} = \sigma_{\tau x'} - \sigma_{t x'} = \sigma_t \cos\beta - \sigma_r \sin\beta \qquad (2\text{-}32)$$

$$\sigma_{y'} = -\sigma_{\tau y'} - \sigma_{t y'} = -\sigma_r \sin\beta - \sigma_t \cos\beta \qquad (2\text{-}33)$$

(3) Ⅲ区、Ⅴ区和Ⅵ区的岩体受力分析

根据Ⅲ区岩体在巷道表面的受力情况可知,Ⅲ区内岩体在岩层法向线上的力(法向力)$\sigma_{y'}$ 和岩层倾向方向上的力(顺向力)$\sigma_{x'}$ 分别为:

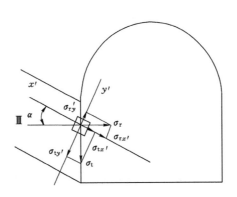

图 2-15 Ⅲ区岩体受力图

$$\sigma_{y'} = \sigma_{t y'} - \sigma_{r y'} = \sigma_t \cos\alpha - \sigma_r \sin\alpha \qquad (2\text{-}34)$$

$$\sigma_{x'} = -\sigma_{\tau x'} - \sigma_{t x'} = -\sigma_r \cos\alpha - \sigma_t \sin\alpha \qquad (2\text{-}35)$$

由于Ⅲ区岩体岩层和巷道表面的夹角相等,即岩层所受的应力和大小均相同,因此不同岩层间的岩体变形量相同,不同岩层间不存在层间滑动。根据式

(2-34)和式(2-35)可知，由于巷道表面的 σ_r 为零，因此 $\sigma_{y'}$ 为岩层法向上的压力，而 $\sigma_{x'}$ 是 σ_r 和 σ_t 的合力，均指向巷道中心。由此可知，巷道Ⅲ区岩体所受的应力状态为"既拉又压"的状态，导致区内岩体梁容易发生拉伸破坏。

巷道底板Ⅴ区内岩层岩块受力分析如图 2-16 所示，巷道低帮Ⅵ区内岩层岩块受力分析如图 2-17 所示。

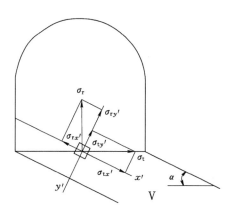

图 2-16 Ⅴ区岩体受力图

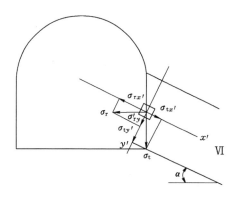

图 2-17 Ⅵ区岩体受力图

由图 2-16 可知，Ⅴ区岩体的岩层法向力 $\sigma_{\mathrm{V}y'}$ 和顺层力 $\sigma_{\mathrm{V}x'}$ 为：

$$\sigma_{\mathrm{V}y'} = \sigma_{ry'} + \sigma_{ty'} = \sigma_t \sin\alpha + \sigma_r \cos\alpha \tag{2-36}$$

$$\sigma_{\mathrm{V}x'} = \sigma_{tx'} - \sigma_{rx'} = \sigma_t \cos\alpha - \sigma_r \sin\alpha \tag{2-37}$$

由图 2-17 可知，Ⅵ区内岩体的岩层法向力 $\sigma_{y'}$ 和顺层力 $\sigma_{x'}$ 为：

$$\sigma_{y'} = -\sigma_{ry'} - \sigma_{ty'} = -\sigma_t \cos\alpha - \sigma_r \sin\alpha \tag{2-38}$$

$$\sigma_{x'} = \sigma_{tx'} - \sigma_{rx'} = \sigma_t \sin\alpha - \sigma_r \cos\alpha \tag{2-39}$$

  巷道Ⅴ区和Ⅵ区内的岩体,在岩层的法向方向、巷道切向和径向方向上的应力分量方向相同,在岩层顺层方向,切向和径向方向上的应力分量方向相反。由此可知,在Ⅴ区内岩体所受的应力状态表现为沿着岩层法向上的拉力和岩层倾向上的顺层压力,这种应力状态下岩体容易发生弯曲变形。

  式(2-30)和式(2-39)表明,将巷道围岩的Ⅲ区、Ⅴ区和Ⅵ区内岩体岩层受力情况沿岩层法向方向上和顺层方向上分解后,在岩层倾角一定的情况下,其分解力的大小不同。因此,假设 σ_r 和 σ_t 不变,可以绘制出这三个区域内岩体应力分量随岩层倾角变化曲线,见图2-18。

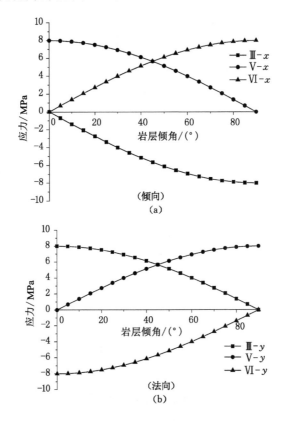

图2-18 应力分量与岩层倾角关系图

  由图2-18可知,Ⅲ区内的岩体受力情况表现为随着岩层倾角的增加,岩层倾向方向上的拉力逐渐增加,岩层法向上的剪切力逐渐减小。区内岩体主要表现为拉伸破坏。

  Ⅴ区内的岩体受力情况表现为随着岩层倾角的增大,岩层倾向方向上的顺层压力逐渐减小,岩层法向上的剪切力逐渐增大,岩体发生剪切破坏。

Ⅵ区内的岩体受力情况表现为随着岩层倾角的增大,岩层倾向方向上的顺层压力逐渐增大,岩层法向上的剪切力逐渐减小,岩体发生压破坏。

从图中可以发现,$\sigma_{高y'}$和$\sigma_{低y'}$随着岩层倾角的增加而不断减小,即随岩层倾角增加,层间压力不断减小;$\sigma_{高x'}$和$\sigma_{低x'}$随着岩层倾角的增加而不断增大,即随岩层倾角增加,顺层压力不断增大。当岩层倾角α增加到$90°$时,$\sigma_{高x'}$和$\sigma_{低x'}$就等于巷道表面的切向压力,$\sigma_{高y'}$和$\sigma_{低y'}$变成径向压力而等于0。

由以上分析可知,在巷道高帮和低帮内临空岩体的受力形式存在差别,高帮临空岩体的受力形式为垂直于岩层的压力和沿岩层向下指向巷道方向拉力的综合作用,在这种"既压又拉"受力形式下岩体极易发生拉伸破坏;在巷道低帮内岩体受到垂直于岩层的压力和沿岩层向下指向巷道围岩方向拉力的综合作用,形式和高帮不同,表现为三向压力,因此巷道低帮不易破坏,造成倾斜岩层巷道中两帮变形的不对称性。

2.6　倾斜岩层巷道围岩分区滑移危险识别

基于古德曼(Goodman)[121]1989年提出的巷道薄层状围岩滑移趋势判定滑移角(ω)的理论,可建立巷道围岩区域的层间滑移模型。

图2-19中,ω为外力与岩层节理面法向线之间的夹角。岩层间节理面上滑移力为$F\sin\omega$,节理面抗滑移力为$F\cos\omega\cdot\tan\varphi$,巷道围岩要发生层间滑移、错动,则式(2-40)成立。式中,φ为岩层节理面的内摩擦角。

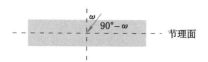

图 2-19　节理面受力模型

$$F\sin\omega > F\cos\omega\cdot\tan\varphi \tag{2-40}$$

对式(2-40)进行简化,则有:

$$\tan\omega > \tan\varphi \tag{2-41}$$

由上述可知,$\omega>\varphi$。当外界力和岩层法向的夹角(滑移角)大于节理面内摩擦角时,巷道层状围岩就出现层间滑移趋势。

Ⅲ区和Ⅵ区巷道表面力方向和岩层法向线的夹角相同,而与Ⅴ区的不同。设岩层的倾角为α,由于巷道表面上的力平行于巷道表面,因此Ⅱ区、Ⅲ区、Ⅵ区和Ⅴ区表面围岩切向力和岩层节理面之间的关系,如图2-20所示。

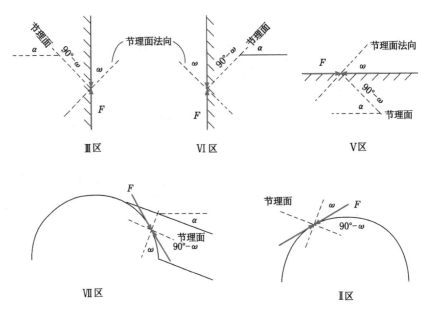

图 2-20　不同分区内滑移方向示意图

从图 2-20 中可知，Ⅲ区和Ⅵ区巷道表面岩体滑移角和岩层倾角相同，即 $\omega=\alpha$；Ⅴ区岩体则有滑移角：$\omega=90°-\alpha$；Ⅱ区和Ⅶ区的滑移角在岩层和巷道顶板相切处最大。当 $\alpha<45°$ 时，Ⅲ区和Ⅵ区岩体的滑移角要比Ⅴ区的小，在节理面内摩擦角和应力相同的条件下，Ⅴ区岩体的滑移趋势要比Ⅲ区和Ⅵ区岩体的滑移趋势明显。据此可以判定，在应力增加的情况下，Ⅴ区岩体比Ⅲ区和Ⅵ区岩体早出现滑移现象，得到倾斜岩层巷道围岩出现层间滑移的顺序关系：Ⅱ区，Ⅶ区＞Ⅴ区＞Ⅰ区，Ⅳ区＞Ⅵ区，Ⅲ区。当 $\alpha>45°$ 时，Ⅱ区，Ⅶ区＞Ⅵ区，Ⅲ区＞Ⅰ区，Ⅳ区＞Ⅴ区。

2.7　本章小结

在实测倾斜岩层巷道非均称变形的基础上，按照岩层与巷道的相交形式对巷道围岩进行了变形结构分区，利用材料力学梁理论对不同围岩分区的变形形式进行理论分析，得出了巷道围岩变形分区的破坏准则；在围岩应力分析的基础上，确定了围岩不同区域变形和破坏类型产生的原因；对围岩层间滑移危险区域进行识别，确定了巷道围岩层间滑移现象发生的先后顺序。

3 三维物理模拟设备研制与试验研究

物理模拟试验是和现场实测和理论分析同等重要的研究手段,物理模拟试验可以人为地控制和改变试验条件,确定某一个或几个参数对矿压显现和巷道变形影响规律,效果清楚直观,同时还具有周期短、见效快等特点,因此在采矿科学的研究中发挥着巨大的作用[122]。目前,国内已有一些三维加载的物理模拟试验设备可以研究深部倾斜岩层巷道的破坏规律。三维物理模拟设备研制设计20 MPa-"三向五面"竖向主加载试验系统并进行初步调试;确定合理的物理模拟材料;30°和45°岩层倾角下的物理模拟试验。试验结果表明,该系统能够满足深部高应力的模拟需求,同时还能满足大尺寸试块的模拟需求,取得了良好的模拟效果。

3.1 三维物理模拟设备研制及其主要特征

3.1.1 20 MPa-"三向五面"竖向主加载试验系统构成

20 MPa-"三向五面"竖向主加载试验系统能够模拟矿井深部高应力作用下采掘活动遇到的各种复杂工程问题,包括深部巷道开挖、巷道支护结构和地下工程等在复杂应力条件下稳定性模拟研究,同时还可承担大尺寸混凝土试块的单轴、双轴或三轴抗压、保载等试验。该试验系统在设计上主要执行的国家标准为:《试验机 通用技术要求》(GB/T 2611—2007)、《液压式压力试验机》(GB/T 3722—92)。

3.1.2 试验系统主要组成及功能

(1)试验系统主要组成

20 MPa-"三向五面"竖向主加载试验系统采用新型模块化设计,主要包括4大系统:主机系统、电液伺服动力系统、测控系统和试样制备系统(图3-1)。各子系统既独立又通过计算机紧密关联,具有控制准确、灵敏度高、稳定性好等特点。主机系统为该设备的执行机构,电液伺服动力系统为动力源,向执行机构提供高压工作液体,测控系统是将位移、应力、应变等数据采集、处理、分析,及时反馈到电液伺服动力系统,电液伺服控制系统通过获得的信息,将之和提前制定的实验要求进行对比,而控制液压油的流向和压力,从而达到实验目的(图 3-2)。系统试样制备系统能够制作各种不同尺寸的试样。

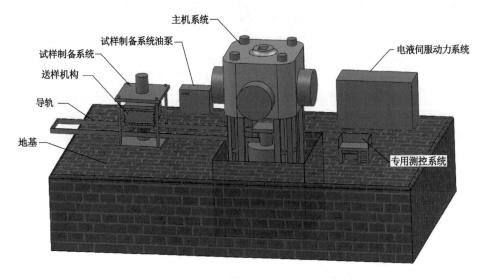

图 3-1　试验系统主要组成布局图

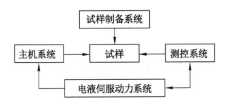

图 3-2　设备系统框图

(2) 主机系统

主机系统为该试验系统核心部分,对整套设备的性能起着至关重要的作用,为了能够模拟深部高地应力环境以及现有设备存在问题,在主机设计中,主要考虑以下几个基本原则:满足标准试样(1 000 mm×1000 mm×400 mm)高度自动化"三向五面"自动加载 20 MPa 要求;系统要具有足够的强度、刚度、精度及可靠性;系统要具有自动采集处理位移、应力、应变等科学数据的功能;系统要具有较好的经济性和工艺性,制造、安装、维修方便。基于上述原则提出主机结构图(图 3-3)。根据主机系统中作用不同,将主机系统进一步划分为:受力框架系统、加载系统和试样输送及定位系统。

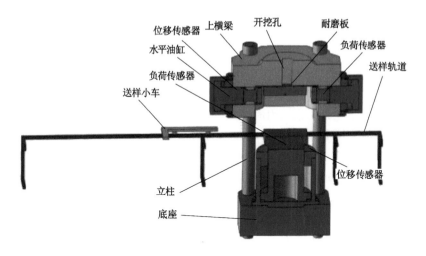

图 3-3　主机系统结构图

①　受力框架系统。受力框架系统采用四立柱框架结构，主要由上横梁、四根圆形立柱、水平框架、底座构成（图 3-3），四根立柱连接上横梁和底座，构成立方体，四柱间距（前后/左右）为 1 560 mm×1 560 mm，整体外形尺寸为 3 400 mm×3 400 mm×4 500 mm，高度集成，占地面积小。垂直方向最大试验空间 1 000 mm×1 000 mm，水平方向最大试验空间 1 000 mm×400 mm，试验空间大，便于安装各种尺寸试样。上横梁与水平框架采用球墨铸铁进行整体铸造，承载系统结构紧凑，缩小了垂直和水平框架的柱间距离，提高了系统的力学性能（抗拉强度提高，抗弯强度提高，应力集中状况改善，框架整体变形减小等）。其中，上横梁采用了先进的铸造工艺，减少了铸件的气孔、沙眼、加沙等铸造缺陷，改善了上横梁易产生局部应力集中的问题。四根立柱采用高强度、高刚度热处理材料制造，使主机在保持 20 000 kN 荷载情况下主机的强度和刚度都能够得到保证，确保在满足垂直方向 1 000 mm×1 000 mm 试样加载 20 MPa 拉力作用下框架机体延长变形量小于 0.5 mm。底座采用高强度、高刚度材料做成。通过优化受力框架系统结构及构件材料、工艺等措施，该系统具有高强度、高刚度、高精度及高稳定性，系统占地面积小，结构紧凑，试验空间大，完全满足模拟深部岩体高应力环境需求。

为了便于观察开挖巷道变形情况，在上横梁上保留有一个 300 mm×300 mm 的开挖圆孔，用于试样在高应力环境下的开挖试验；在试验中还可以通过该通道在试样巷道内安装一些测量仪器，用于观察提取试验数据，同时观测巷道表面收敛、应力变化等数据。

② 加载系统。加载系统是直接作用于试样的装置,为了模拟试样所受不同的三向应力状态,该系统采用了"三向五面"主动加载方式:5 个面的加载通过 5 个加载油缸分别控制,5 个加载油缸中 1 个布置在系统的下部、4 个布置在水平方向,顶部为被动加载。当高压液体进入油缸时,推动活塞,加载板运动压紧试样,从而将载荷加于试样上。如果直接将油缸活塞的压力作用于试样上,势必引起试样表面各处受力分布不均的现象,故在活塞杆与试样间采用了加载板,使试样加载时能均匀受力;同时,5 个油缸压力可以单独控制,真实模拟岩体所受各种三向应力环境。主油缸活塞有效行程为 0～600 mm,设有快退阀,这样有利于不同高度试样的快速调整,也有利于混凝土、石材的材料试验,有利于缩短试验周期,水平方向油缸行程为 0～100 mm。上横梁下端面与试样接触面上装了一块高耐磨性易更换耐磨板,用来减少在多次试验后对上横梁造成的磨损,以提高设备的使用寿命。为了实现加载平衡稳定,水平方向的 4 个水平推板与上横梁之间有导向机构,主机内装有下压板移动导向和限位开关,使整个加载系统运行平稳、可靠,保证试验操作的平稳和安全。试块受力框架如图 3-4 所示。

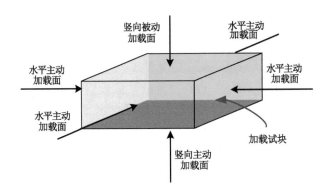

图 3-4　试块受力框架图

③ 试样输送及定位系统。该系统主要解决试样在主机中的装卸和定位问题。该装置通过导轨将送样小车与试验主机连接在一起,在轨道的适当位置安装一挡块,实现送样小车在主机系统中的预定位,可以精确地将送样小车送到试验主机上顶压盘上。试验前将试样运到下压板上,主油缸升起时就可以将小车撤出来;试验后又可以将小车推进去,将试验完的试样运输出来。

（3）电液伺服动力系统

电液伺服动力系统是整个设备的动力源,决定着该装置的加载应力的大小和加载精度,为了满足标准试样（1 000 mm×1 000 mm×400 mm）每个面加载

20 MPa要求。该系统采用5套主液压动力源,可以单独工作,也可以通过测控系统实现联动,每套排量为33 L/min,工作压力25 MPa,最高压力30 MPa,其中一套供2 000 t油缸,另外4套各供4个800 t油缸。每套动力源均采用进口元件,可达到低噪声,恒扭矩,压力波动小,可靠性高的效果,可以做到长时间保载,完成模拟岩体高应力下蠕变等时效性特征观察。配有油温显示和自动风冷机可保证正常工作48 h油温低于40 ℃,油箱留有连接外部油温冷却机的接口,必要时直接连接即可实现外部循环冷却,实现长时间保载试验时液压油温度正常运行。

整个系统采用伺服闭环控制,实时监控负荷、位移、变形等情况,具有跟踪性、随动性、可调性等功能特点,能够实现全自动精确控制,并且进行流量-压力参数的调节,以求获得最高的效率,节省能耗,从而满足高精度的试验要求。液压动力源采用整体式油源柜,由液压泵站、油源控制等组成一体,在操作、维修、防护、搬运都很方便,布局整洁,节省空间。

(4)测控系统

测控系统主要由电气控制器、5套伺服阀、5套负荷传感器、5套位移传感器、测控箱、计算机与专用软件组成。本系统采用的5套测力元件采用高精度柱式负荷传感器,灵敏度高,重复性好,综合精度0.2%;位移测量元件采用美国AKS高精度拉线式位移传感器,示值精度为0.007 mm,脉冲信号频率为每周期12 000个,精度及可靠性均高于普通的抽出杆式位移计。整个动力系统采用5套进口美国MOOG公司的伺服阀进行伺服闭环控制,从而保证对系统压力变化的高响应性,高灵敏度,高可靠性。为了满足系统高智能需求以及各种试验规程,比如五面同步等压加载、同步等位移加载,各向不等位移压力加载等试验需求,本系统硬件支持5路模拟信号(载荷)、5路QEI(位移)及5个伺服阀的采集与控制,可实现高速运行和稳定性相匹配,以及同步采集和同步闭环控制,每路采集频率均为60~120 Hz,每路分辨率均为300 000码,并适当留有扩展通道。具体数据流程如图3-5所示。

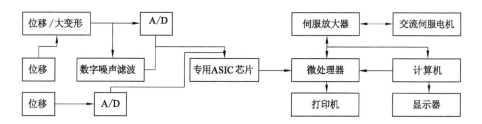

图3-5　数据流程图

如图 3-5 所示,负荷传感器、位移传感器、多通道专用闭环控制系统与计算机再加上伺服液压系统共同组成一个闭环测控系统,可设置和选择各种试验规程,自动精确地控制试验过程,并自动测量各阶段试验数据。配合配套开发的控制软件,试验数据的处理、保存、传输容易和便捷,试验过程中的位移、压力等曲线在显示器上实时显示。试验软件按照相关标准规定的试验方法和要求进行设定并完成试验,也可以预先根据设定的试验方法和要求进行。该系统可实现等速率加载、等速率位移、等速率应变等试验,并可在一次试验中实现力、位移、应变的分段控制,各控制阶段之间可平滑切换。试验参数通过计算机采集和软件处理能自动控制试验过程并自动求出试验结果。如图 3-6 所示,计算机屏幕实时显示试验曲线和试验结果,然后通过打印机打印,还可以查询以前的实验数据,实现不同材料试验数据的对比。图 3-7 为测控系统的查询功能。

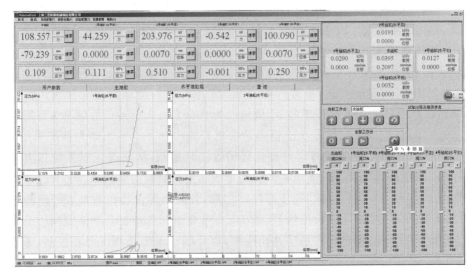

图 3-6　测控系统操作界面

（5）试样制备系统

试样制备系统主要由底座、立柱、100 kN 油缸、1 000 mm×1 000 mm 上（下）压板、中心定位装置、上横梁、试样模具、限位装置等部分组成（图 3-8 和图 3-9）。系统采用四立柱油缸下置式框架结构,具有压缩空间大、结构简单、整体强度高、稳定性好等特点,配不同的试样模板可以满足不同大小的试样制作要求。底座、上（下）压板、上横梁等零部件均采用高强度钢材,经过高精度加工以保证各个面之间的粗糙度、平面度和垂直度等精度要求,使试样制备机构完全可以满足制作标准试样的要求。

图 3-7 测控系统的查询功能

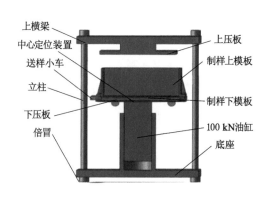

图 3-8 试样制作装置图

图 3-9 试样制作装置实物图

制作试样时用螺栓将送样小车和制样下模板、制样上模板连接在一起来完成试样的制作。制样油缸采用单向油缸,最大压力可达 100 kN,机械化程度高,提高了制作试样的质量和效率,并且制作的试样更加标准。该装置通过导轨与送样小车及试验主机连接在一起,使得从制样到试验的过程操作简单、快捷,形成了高效的流水线式试验流程,能够确保试样制作和试验过程互不干扰,不仅降低了劳动强度,而且提高了试验效率。

3.1.3 系统主要技术指标及可实现功能

(1) 系统主要技术指标

① 最大试验空间。水平方向最大试验空间:1 000 mm×1000 mm,垂直方

向最大试验空间:1 000 mm×400 mm。

② 最大加载能力。垂直方向:长×宽＝1 000 mm×1 000 mm,加载 20 MPa;水平方向:长×宽＝1 000 mm×400 mm,加载 20 MPa。

③ 加载方式。"三向五面"载荷独立控制,顶面被动加载。

④ 测试精度。位移测量精度:0.007 mm,位移示值相对误差:≤±0.5%;试验力示值相对误差:≤±0.5%。

⑤ 最大制样空间。试样制作装置 1 000 mm×1 000 mm×400 mm。

⑥ 巷道开孔开挖尺寸。上横梁开有直径为 300 mm 的圆形孔,能够开挖最大直径为 300 mm 的巷道。

(2) 系统可实现功能

① 模拟试块在单轴、双轴、三轴压缩状态下的试验。

② 模拟巷道在高应力开挖、巷道受采动影响等试验。

③ 模拟岩体高应力保载,观察岩体高应力下时效性显现特征。

④ 可以随意调整 3 个方向的加卸载,观察岩体在复杂应力环境下多次加卸载后的动力学显现特征。

(3) 系统优点

20 MPa-"三向五面"竖向主加载试验系统采用新型模块化设计,刚度大、整体稳定性好,从制样→送样→加载→数据检测处理→卸载→回样→输出,都具有较高的智能化。本试验台与同类装置相比,主要包括以下几个优点:

① 整个装置都具有高强度、高刚度、高精度及高稳定性,能够满足模拟深部岩体高地压环境的力学行为的要求。

② 电液伺服动力系统采用的液压动力源工作压力为 25 MPa,最高压力为 30 MPa,本装置可加载标准试样(1 000 mm×1 000 mm×400 mm)最高载荷为 20 MPa,同时具备了高应力和大试块加压特征。

③ 动力系统由测控系统控制,可以实现各个面独立加载,也可实现各个面同步同压加载,实现加载智能化,系统安全性及可靠性高,计算机自动控制、调节加载大小及加载速度,由于 x、y、z 三个方向均由轴向加载系统独立加压,从而可更加真实地模拟地下岩体的受力情况。

④ 计算机自动采集位移、应力、应变等数据,测试与采集精度高,可靠性高,无须人工采集,减少劳动力,提高试验精度。

⑤ 该装置采用模块化设计,高度集成,占地面积小,便于管理,各个子系统相对独立,便于维修。

3.2　倾斜岩层巷道物理模型的建立与模拟

3.2.1　试验内容与目的

针对深部开采中岩层倾角对于巷道围岩结构稳定的影响问题以及巷道围岩变形对岩层倾角的响应机制,研究岩层倾角影响下巷道的非均称变形,建立"三向五面"的三维应力应变模型,开展相似材料模拟试验。主要试验内容和目的如下:

① 确定合理的相似物理模拟材料。试验系统是全新的三维高应力物理模拟试验台,对于模拟材料在系统中的力学性能不了解,需要确定合理的模拟材料。

② 建立两个尺寸为 1 000 mm×1 000 mm×400 mm 的试块模型。模型中岩层倾角为 30°和 45°,并在其中开挖巷道断面为 180 mm×180 mm,腰线高 90 mm,模拟原型巷道断面为 4 400 mm×4 400 mm,腰线高为 2 200 mm。在模型中预埋应力传感器和多点位移计,在开挖巷道中安装表面收敛位移计。在"三向五面"应力加载过程中,监测巷道表面收敛、巷道围岩内部位移和围岩应力的变化情况。

③ 通过观察模型加载过程中模型巷道的变形破坏情况,实现深部岩层倾角对于巷道围岩结构稳定性影响的结构特征再现。

④ 通过记录和分析加载过程中巷道围岩表面收敛(顶、底板和两帮)和多点位移计数据,再现巷道围岩的位移分布情况,找出岩层倾角对巷道顶、底板和两帮围岩变形的影响特征。

⑤ 通过记录和分析加载过程中巷道围岩的监测点应力变化情况,得出在加载过程中围岩应力的分布和变化特征。

3.2.2　物理模拟试验相关参数确定

（1）物理模拟相似比

物理模拟的理论依据是相似准则,该准则简单地叙述为:如果模型和原型的三个基本度量,即长度 L、质量 m 和时间 t,以及由其派生的相应量之间成固定比例关系,即模型和原型"相似",则二者所发生的现象也必定相似。因此:

$$\begin{cases} \alpha_L = \dfrac{L_\mathrm{p}}{L_\mathrm{M}} \\[2mm] \alpha_\gamma = \dfrac{\gamma_\mathrm{p}}{\gamma_\mathrm{M}} \\[2mm] \alpha_\sigma = \dfrac{\sigma_\mathrm{p}}{\sigma_\mathrm{M}} = \dfrac{E_\mathrm{p}}{E_\mathrm{M}} = \alpha_L \alpha_\gamma \\[2mm] \alpha_t = \sqrt{\alpha_L} \end{cases} \tag{3-1}$$

式中，α_L 为几何相似比；α_γ 为密度相似比；α_σ 为应力相似比；α_t 为时间相似比。下标 p 表示原型，M 表示相似模型。

根据物理模拟所积累的经验和力学分析结果，开挖半径和边界半径之比为 1∶5 的情况下，试验误差大约为 6%。如果大于这个比例，试验误差将会增加，因此选择开挖半径为 90 mm，开挖半径和边界半径的比例为 90∶500＝18∶1 000。现场巷道的半径是 2 200 mm，相似比为 $\alpha_L = l_\mathrm{p} : l_\mathrm{M} = 220 : 9$。模型试验台模型尺寸：宽×高＝1 000 mm×1 000 mm，由此可以模拟的巷道围岩范围：宽×高＝24.4 m×24.4 m。实际上，岩体的平均密度为 2.5 g/cm³，模拟岩体的平均密度为 2.2 g/cm³，密度相似比 $\alpha_\gamma = \gamma_\mathrm{p} : \gamma_\mathrm{M} = 2.5 : 2.2$。

（2）原始模型中岩石力学参数

模拟原型巷道岩石试样均取自丰城曲江矿区－850 m 水平大巷，岩石取样总计 6 件，试样加工成标准试件（高 100 mm，直径 50 mm）。该试验采用 RMT-150 微机控制电液伺服岩石力学试验机，如图 3-10 所示。该试验机能一次测定岩石单轴抗压强度、弹性模量和泊松比等参数。试验时，采用位移控制，载荷-位

图 3-10　RMT-150 岩石力学试验机

移令过程曲线由 $x\text{-}y$ 函数记录仪直接绘出。弹性模量通常在单轴抗压极限强度的 $30\%\sim70\%$ 处取值计算,泊松比由同一时刻的横向应变与轴向应变的比值取平均值来计算,试件的尺寸取 3 次测量的平均值作为计算尺寸(精度为 0.02 mm)。试验数据和结果见表 3-1。

表 3-1　岩石单轴抗压强度测定记录表

试样编号	试样尺寸/mm		试样面积/mm²	峰值载荷/kN	抗压强度/MPa	弹性模量/GPa	泊松比	平均抗压强度/MPa	平均弹性模量/GPa
	高度	直径							
B1-1	98.43	48.87	1 875.69	80.180	42.746	9.170	0.151	48.229 5	10.966 5
B1-2	98.27	48.93	1 880.30	101.000	53.713	12.763	0.163		
G1-1	97.02	48.67	1 860.37	43.480	23.371	11.303	0.130	31.623	12.117
G1-2	97.78	49.97	1 961.08	78.200	39.875	12.931	0.125		
J1-1	98.20	48.94	1 881.07	126.980	67.502	15.673	1.913	66.356 5	16.809 5
J1-2	98.20	48.67	1 860.37	121.320	65.211	17.946	0.099		

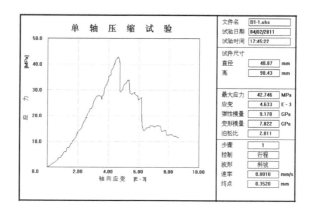

图 3-11　试件 B1-1 抗压强度测试曲线

(3) 相似材料的确定

本试验采用新研制全新试验平台,设备结构和压力情况存在一定的特殊性,没有类似的工作经验可以直接借鉴,也没有以往的试验相关数据作为参考。因此,试验材料在试验机上的应力和应变响应情况不能直接按照以往的相似材料的材料配比和力学参数,必须针对具体的材料配比制作试块并进行岩石力学参数实验,然后确定备选相似材料的力学响应特征,从而保证相似材料在试验设备上能够取得预期的效果。

图 3-12　试件 B1-1 破坏形式

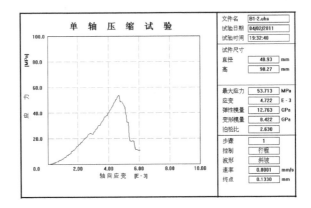

图 3-13　试件 B1-2 抗压强度测试曲线

图 3-14　试件 B1-2 破坏形式

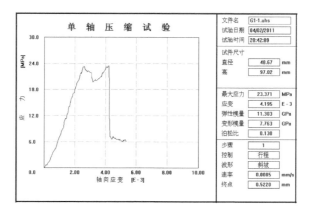

图 3-15 试件 G1-1 抗压强度测试曲线

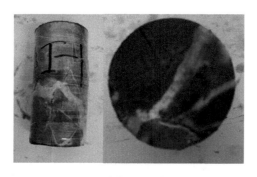

图 3-16 试件 G1-1 破坏形式

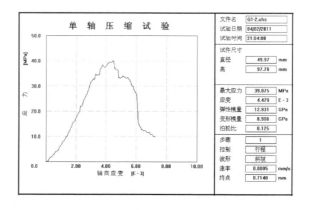

图 3-17 试件 G1-2 抗压强度测试曲线

图 3-18　试件 G1-2 破坏形式

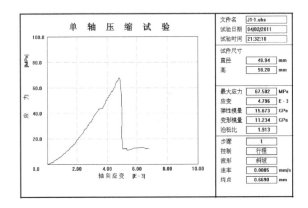

图 3-19　试件 J1-1 抗压强度测试曲线

图 3-20　试件 J1-1 破坏形式

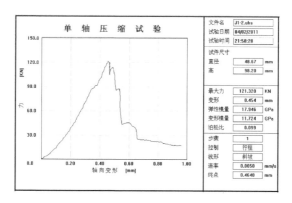

图 3-21　试件 J1-2 抗压强度测试曲线

图 3-22　试件 J1-2 破坏形式

　　试验相似材料选择时参考以前的一些相关物理模拟试验,初步选取两种不同的模拟材料作为物理模拟材料的备选材料:一种是由水泥、沙子和石膏组成的材料,这种材料强度高,但是模型制作试验周期稍长;另一种是石蜡和沙子胶结材料,这种模拟材料具有模型制作试验周期短、材料力学性能稳定和材料可以重复利用等优点,但模型的强度较小,模型加工不方便。采用两种模拟材料都有一些物理模拟实例,并取得了一定的效果。由于试块在试验台上要承受超过10 MPa 的三轴应力,石蜡作为主要胶结材料的相似材料强度不够;另外,试块和底座上的摩擦力很大,必须保证试块每个面的平整,因而在试验前必须对试块进行预压,保证试块每个表面的平整和控制试块在试验台上的受力收缩率。在试块的制备过程中,由于石蜡胶结材料的强度偏低,如果预压平整将可能超过石蜡的胶结强度,会破坏材料力学性能,因此在本试验台上石蜡胶结材料不能采用,相似材料采用水泥、石膏和沙子的胶结材料。

　　(4)相似材料力学性能测定

　　由于河沙材料的不稳定性,同时也为了提高相似材料的可靠性,对每种配比制作了一组试块,由此检验不同配比的相似材料的单轴抗压强度。相似材料选用了水泥、河沙和石膏作为主要胶结材料,由于本次物理模拟的特殊性,为了提高模拟材料的延性,还在其中添加了一定量的建筑用砂浆纤维,纤维材质为聚丙烯材料,纤维长 12 mm。由于模型的制作时间长,石膏的凝结时间短,必须延长石膏的凝结时间,还加入一定量的硼砂作为缓凝剂。硼砂用量为水量的 5%,纤维每立方米的加入量为 5 kg。不同配比试块材料用量,见表 3-2。

表 3-2 不同配比试块材料用量

编号	模型岩量/g	配比号	沙子	水泥	石膏	河沙/g	水泥/g	石膏/g	水量/g	硼砂/g	纤维/g
1	2 100.00	437	4	3	7	1 575.00	157.50	367.50	255.15	5.10	5.60
2	2 100.00	455	4	5	5	1 680.00	210.00	210.00	246.12	4.92	5.60
3	2 100.00	473	4	7	3	1 680.00	294.00	126.00	246.12	4.92	5.60
4	2 100.00	537	5	3	7	1 750.00	105.00	245.00	240.10	4.80	5.60
5	2 100.00	555	5	5	5	1 750.00	175.00	175.00	240.10	4.80	5.60
6	2 100.00	573	5	7	3	1 750.00	245.00	105.00	240.10	4.80	5.60
7	2 100.00	637	6	3	7	1 800.00	90.00	210.00	235.80	4.72	5.60
8	2 100.00	655	6	5	5	1 800.00	150.00	150.00	235.80	4.72	5.60
9	2 100.00	673	6	7	3	1 800.00	210.00	90.00	235.80	4.72	5.60
10	2 100.00	755	7	5	5	1 837.50	131.25	131.25	232.58	4.65	5.60

共制作了 10 组试块进行测试,每组 3 个,采用标准砂浆试块模具,制作完成 3 天后拆模,干燥 10 天后进行试块的抗压强度测试。图 3-23 是制作好 1 天后的试块;图 3-24 是拆模干燥 10 天后的试块;图 3-25 是配比为 473 的试块试验时的情况,图 3-26 是试验后所有试块的破坏情况。

通过单轴抗压强度实验得到了不同配比情况下物理模拟材料的单轴抗压强度和材料单轴受压后变形和破坏情况。

试件典型载荷-位移曲线如图所示,具有如下特征:

① 孔隙压密阶段明显:在应力开始加载段,应力位移曲线向下凹曲,斜率逐渐增大,试块内原有微裂隙逐渐闭合,呈现非线性变形,弹性模量逐渐增大。

② 弹性变形阶段:随着原生裂隙的逐渐闭合,试块开始发生弹性变形,载荷-位移曲线近似呈直线型。

③ 载荷-位移曲线在达到峰值载荷后缓慢下降,下降曲线与上升曲线近乎沿过峰值 y 轴对称,且峰后强度逐渐降低,并一直下降。该特征说明,试块在峰值前能够稳定承载,而且还有一定的峰后强度,具有一定的承载能力。

图 3-23 制作好 10 天后试块

图 3-24 拆模后试块实物

试块破坏形式如图 3-28 所示,较大的裂隙主要沿近似平行于载荷的加载方向发展,也就是沿 X 状共轭斜面剪切破坏,这些 X 状共轭斜切面自上而下贯穿整个试件。根据经典岩石力学理论,岩石试件在单轴载荷的作用下会发生 3 种典型的破坏形式:X 状共轭斜面剪切破坏、单斜面剪切破坏、拉伸破坏[123]。本次试验中,试件发生的 X 状共轭斜面剪切破坏拉伸破坏,其实质是在非限制性单轴压缩过程中,由于泊松效应的存在,与载荷垂直的方向发生变形,试件内部变形受外部岩石的限制而产生拉应力,并随着变形的增大逐渐升高,超过岩石的抗

图 3-25　试块单轴抗压试验

图 3-26　试块破坏形式

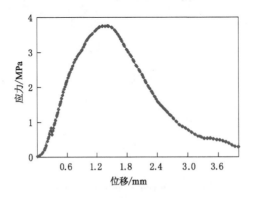

图 3-27　抗压强度测试典型曲线

图 3-28 抗压强度测试典型破坏形式

拉极限时导致破坏的发生。

根据试块试验结果,最终选择的物理模拟材料的配比号为 473。

表 3-3 物理模拟材料参数表

材料号	密度/(g·cm⁻³)	抗压强度/MPa
473	2.20	2.77

(5)试验监测方法的确定

本次试验需要掌握模拟巷道在外加载荷情况下的变形和破坏情况。由于实验系统试块的加载过程是在封闭空间内进行的,因此对于实验过程中的位移和应力测量难度很大,通过设备顶部的开孔测量巷道的表面位移和巷道表面围岩内部的多点位移。

① 巷道表面收敛测量。巷道表面围岩监测点采用 YHD30 型位移计监测,尺寸为 20 mm×40 mm×100 mm。

② 试块表面位移的测量。在物理模拟试块初次压实后,送上试验台前,用时白漆将试块表面刷成白色,再在上面标上网格;加上照相测量点(具体布置见3.2.4 节),使用照相测量系统进行测量。

③ 巷道围岩内位移测量,采用自行设计的盘式多点位移测量装置测量巷道顶、底板和两帮围岩内部的多点的位移情况,如图 3-29 和图 3-30 所示。

④ 通过在模型中预埋微型应力传感器 $\phi30×5$ mm 监测加载过程中巷道围岩中的应力变化情况。

⑤ 通过试验系统自带的 5 个油缸应力传感器,测量物理模拟试块在 5 个面

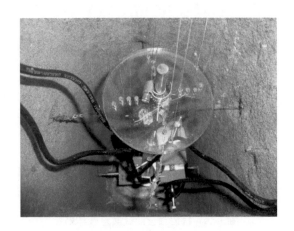

图 3-29　多点位移计底座

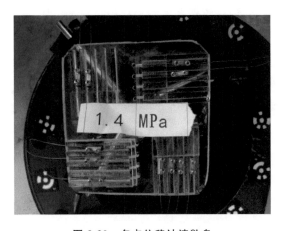

图 3-30　多点位移计读数盘

上的应力加载情况。

（6）模型减摩措施设计

由于试块在试验系统当中受到高应力的作用，摩擦力非常大，为了保证试块的变形和位移响应特征满足实验要求，必须对试块和系统的接触面采取减摩擦措施。根据相关的研究情况，采用"青壳纸＋黄油＋双层塑料薄膜"的组合方法来减小试块表面和加压头之间的摩擦力。

3.2.3　物理模拟模型制作

（1）试验原型

试验条件根据江西曲江矿-850 m水平东大巷赋存特点,并进行一定的修改设计,模拟在高应力条件下有一定岩层倾角层状围岩对巷道围岩变形和应力分布的影响过程。模拟巷道断面为直墙半圆拱形4.4 m×4.4 m,腰线高2.2 m,圆弧半径2.2 m,巷道埋深900 m。

（2）模拟模型

模拟模型试块尺寸为:1 000 mm（长）×1 000 mm（宽）×400 mm（高）;模型的边界条件:上边界约束位移,左右边界和前后边界模拟水平应力,下边界模拟垂直应力。根据巷道的埋深,该层位原岩应力$\sigma=22.05$ MPa。

建立的试验模型如图3-31和图3-32所示。模拟30°和45°的岩层倾角下,巷道掘进断面尺寸为18 mm×18 mm的直墙半圆拱形。试验原型与模型的参数对比表3-4。模型中采用全岩巷开挖,围岩为层状砂岩,巷道附近的岩层厚度约为1 000 mm,模型厚度为40 mm。具体参数和材料需要量分别见表3-5和表3-6。

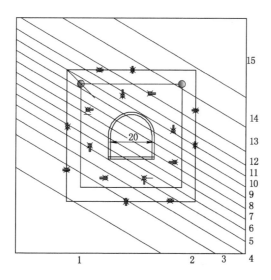

图3-31 30°物理模拟模型

表3-4 试验原型与模型的参数对比

区域	项目	原型	模型
巷道	宽度	4.4 m	18 mm
	高度	4.4 m	18 mm

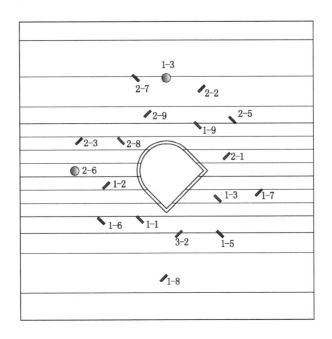

图 3-32 45°物理模拟模型

表 3-5 45°模型各岩层参数

层号	体积/cm³	密度/(kg·m⁻³)	质量/kg	河沙/kg	水泥/kg	石膏/kg	水量/kg	硼砂/kg	纤维/g
1	58 105	2 200	127.83	102.26	17.896	7.670	15.212	0.196	290.5
2	27 713	2 200	60.97	48.77	8.536	3.658	7.255	0.315	138.6
3	27 713	2 200	60.97	48.77	8.536	3.658	7.255	0.165	138.6
4	23 094	2 200	50.81	40.65	7.113	3.048	6.046	0.137	115.5
5	18 475	2 200	40.65	32.52	5.690	2.439	4.837	0.110	92.4
6	18 475	2 200	40.65	32.52	5.690	2.439	4.837	0.110	92.4
7	18 475	2 200	40.65	32.52	5.690	2.439	4.837	0.110	92.4
8	18 475	2 200	40.65	32.52	5.690	2.439	4.837	0.110	92.4
9	18 475	2 200	40.65	32.52	5.690	2.439	4.837	0.110	92.4
10	18 475	2 200	40.65	32.52	5.690	2.439	4.837	0.110	92.4
11	18 475	2 200	40.65	32.52	5.690	2.439	4.837	0.110	92.4
12	23 094	2 200	50.81	40.65	7.113	3.048	6.046	0.137	115.5
13	24 903	2 200	54.79	43.83	7.670	3.287	6.520	0.247	124.5
14	41 569	2 200	91.45	73.16	12.803	5.487	10.883	0.268	207.8
15	44 482	2 200	97.86	78.29	13.701	5.872	11.645	0.145	222.4
合计	399 998		880	704.00	123.20	52.80	104.721	2.38	2 000.2

表 3-6　30°模型各岩层参数

层号	体积/cm³	密度/(kg·m⁻³)	质量/kg	河沙/kg	水泥/kg	石膏/kg	水量/kg	硼砂/kg	纤维/g
1	36 211	2 200	79.66	63.73	11.153	4.780	9.480	0.198	90.5
2	53 537	2 200	117.7	94.23	16.489	7.067	14.016	0.292	133.8
3	26 768	2 200	58.89	47.11	8.245	3.533	7.008	0.146	66.9
4	22 307	2 200	49.08	39.26	6.871	2.945	5.840	0.122	55.8
5	17 846	2 200	39.26	31.41	5.496	2.356	4.672	0.097	44.6
6	17 846	2 200	39.26	31.41	5.496	2.356	4.672	0.097	44.6
7	17 846	2 200	39.26	31.41	5.496	2.356	4.672	0.097	44.6
8	17 846	2 200	39.26	31.41	5.496	2.356	4.672	0.097	44.6
9	17 836	2 200	39.24	31.39	5.493	2.354	4.669	0.097	44.6
10	17 836	2 200	39.24	31.39	5.493	2.354	4.669	0.097	44.6
11	17 846	2 200	39.26	31.41	5.496	2.356	4.672	0.097	44.6
12	22 307	2 200	49.08	39.26	6.871	2.945	5.840	0.122	55.8
13	40 153	2 200	88.34	70.67	12.367	5.300	10.512	0.219	100.4
14	49 076	2 200	107.9	86.37	15.115	6.478	12.848	0.268	122.7
15	24 761	2 200	54.47	43.58	7.626	3.268	6.482	0.135	61.9
合计	400 022		880	704.04	123.203	52.804	104.724	2.181	1 000

（3）巷道应力应变数据采集

为了获得围岩变形和位移数据、巷道围岩内应力的分布特征和巷道表面的收敛情况。试验按以下方法获取实验数据：

① 应力数据。埋设微型压力盒获得监测点的应力数据,布置方式分别如图 3-31 和图 3-32 所示。压力盒尺寸为:30 mm×7 mm。

② 位移数据。设置模型表面位移测点、巷道表面测点和巷道围岩内部多点位移。监测点岩层倾角为 30°时,布置 45 个表面位移监测点;岩层倾角为 45°时,布置 35 个表面位移监测点,具体布置方式分别如图 3-33 和图 3-34 所示。

（4）器材准备

① 在模型铺设及试验过程中需要以下器材:电子秤 1 台(大于 50 kg)、电子天平 1 台、振动机 1 台、T 形平板锤 2 个、装运料用的大盆 6 个、小盆 6 个、铲子 6 把等。

② 模型材料:水泥、河沙、石膏、云母、水、硼砂、纤维等。

③ 辅助性仪器及材料:挖刀、刷子、白漆、线绳、记号笔、粉笔、钢卷尺、0.3 mm 包膜钢丝绳、内六角扳手、手套、电钻,以及 500 mm 长、直径为 8 mm 钻

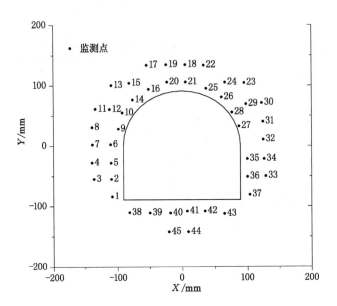

图 3-33　30°模型表面位移测点布置图

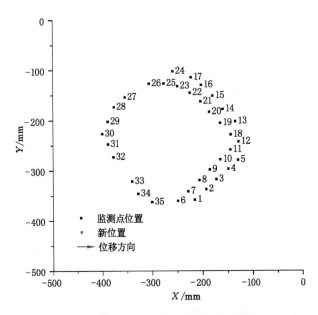

图 3-34　45°模型表面位移测点布置图

杆等。

　　④ 青壳纸,规格为 0.7 mm×1 m×1 m,长约 4 m;黄油,塑料薄膜 10 m²。

　　⑤ 磁性位移计控制架一个(自制)。

　　⑥ 数据及图像采集设备:计算机、三维摄影测量系统(图 3-35)、伸缩式位移计。自制盘式多点位移计,压力盒规格为 30 mm×7 mm,对应的电阻应变仪 1 套。

图 3-35　三维摄影测量系统

3.2.4　试验过程

　　(1) 模拟试块制备

　　试块的具体制作过程如下:

　　① 试块制作模具装配。首先将送样小车底座上均匀抹上一层黄油,将青壳纸粘贴在送样小车底座上,再在青壳纸上铺一层薄膜。然后将送样小车侧板上抹上黄油,薄膜通过黄油粘贴在侧板上,这样可以防止试块成型以后粘贴在侧板上。3 个侧板均按照这种方法做好,将粘贴好薄膜的侧板通过侧板底部的螺栓孔安装在送样小车的底座上。其次将盖板上铺上薄膜之后安装在 3 个侧板上,并将提前打印好的物理模型 CAD 图放在送样小车底座上的青壳纸和薄膜的夹层中,这样做有利于在模型铺设过程中控制岩层的厚度和确定压力盒的位置。然后将安装好的试样制作模具从导轨上吊下来,并呈垂直状放置,分别如图 3-36 至图 3-38 所示。

　　② 自下而上依次铺设各岩层。具体过程如下:首先按照不同岩层的配比要求称出对应的河沙、水泥、石膏、硼砂和纤维,将河沙、水泥、石膏和纤维提前混合均匀,因为模拟材料中胶结材料少,若不提前混合均匀,直接加水会造成搅拌不

图 3-36　盖板

图 3-37　青稞纸、薄膜

图 3-38　模具组装

均匀、水泥结块和纤维不易散开等现象,影响模型材料的均质性,甚至影响试验效果。混合均匀以后再按照配比表加入适量的水进行搅拌,搅拌均匀后装入模具进行模型铺设,铺设过程中要将混合材料捣实,防止产生空洞或松散区域,保证每层岩体的均质性,将岩层捣实至规定高度。根据提前确定好的应力监测点位置预埋好压力盒,在预埋压力盒过程中,一方面要注意压力盒的埋设方向,另一方面要注意压力盒的连接线由4个角引出,防止在加载过程中由于连接线干扰试验效果。压力盒预埋好之后,将岩层表面抹平,并撒上云母粉对岩层进行分层。注意,云母粉的厚度不能太厚,否则模型容易发生层间滑移或离层。在模型铺设时,由于水泥的凝结时间的限制,因此要保证模型的铺设速度,分别如图 3-39 至图 3-41 所示。

图 3-39　模型分层

图 3-40　模型铺设

图 3-41　压力盒安装

③ 模型试块预压。模型试块铺设完成后,将第四块侧板通过螺栓孔固定在送样小车上,通过行车将铺好模型的模具用行车运到送样轨道上,由试块制备装置进行预压。预压时,应注意预压的压力,同时还应注意不要将压力盒的连接线压断(图 3-42 和图 3-43)。

图 3-42　吊装模型

(2) 巷道开挖

巷道开挖后,在高应力条件下,考虑到岩层倾角对巷道的变形和破坏程度的影响特征,因此采用先开挖再加载的办法。模型试块预压完成后,第 3 天在试块强度还未完全达到材料的最终强度时,将巷道开挖至设计要求。开挖过程中为了保证巷道开挖到预定的形状和位置,可在模型上铺一张提前打印好的模型CAD 图纸。具体开挖过程分别如图 3-44 和图 3-45 所示。

图 3-43 模型预压

图 3-44 30°模型巷道开挖

图 3-45 45°模型巷道开挖

（3）试块干燥

试块制作完成后开始干燥，放置 5 d 后拆四周模板，刷白并标上的网格，再继续自然晾干 10 天，保证试块干燥充分含水率符合要求，如图 3-46 和图 3-47 所示。

图 3-46　30°模型干燥

图 3-47　45°模型干燥

（4）监测点铺设

在试块表面布置对应的监测点，如图 3-48 所示。

（5）检查、测试、准备模型架及加压系统

为确保设备性能正常，首先在设备内四个加压块和顶部区域抹上黄油；然后再铺上青壳纸，以减小摩擦。

（6）送样

将双层塑料薄膜铺设在试块上，通过加压系统将试块固定，并用送样小车将试块送入试验系统规定的位置，如图 3-49 所示。

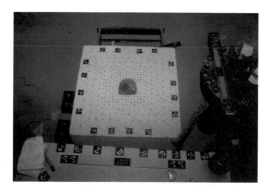

图 3-48　制备好的模型

图 3-49　设备内部的模型

（7）数据采集

从试验系统的上开孔装入巷道的表面位移测量装置并固定，将位移传感线从孔中引出，压力盒的传感器线从下面的 4 个角引出，确保数据采集系统处于正常状态。

（8）观测巷道变形

待数据采集系统正常后，打开加压系统模拟地应力场。实时观察水平应力和垂直应力分布情况，观测巷道表面的变形情况。

（9）加压过程采用分级加载方式

相似材料的单轴抗压强度为 2.26 MPa，在三轴应力情况下考虑到材料三轴抗压强度会较单轴抗压强度有所提高，因此加载试验中压力从 3 MPa 开始。试验中，围岩应力小于 3 MPa 的阶段属于试验设备和试块的应力调整阶段。试验时，先将垂直、前后和左右的应力同步增加到 3 MPa。从围岩应力大于 3 MPa 开始，每次应力增加 0.2 MPa，每个应力增加阶段保持应力不变 5 min。30°模型试验时,试验计划从 3 MPa 一直加载到15 MPa,但到 12.4 MPa 时,巷道围岩出现大变形破坏,如图 3-50 所示。

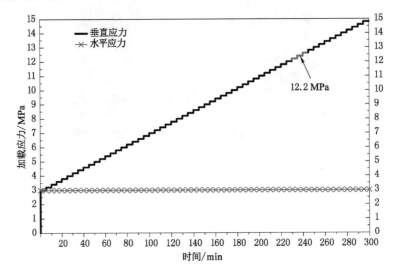

图 3-50   第一次试验应力加载曲线

45°模型试验时,试验计划从 3 MPa 一直加载到 20 MPa,每次增加 0.5 MPa,间隔时间为 10 min,如图 3-51 所示。

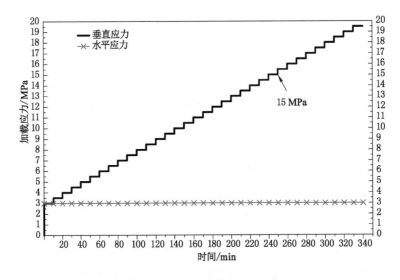

图 3-51   第二次试验应力加载曲线

3.3   倾斜岩层巷道表面围岩变形和裂纹发展特征

为了掌握高应力条件下岩层倾角对巷道变形和裂纹发展规律的影响,采用三维摄影测量系统进行三维拍照,记录在不同围压条件下巷道围岩的变形和监测点位移情况,记录过程从围压为 3 MPa 开始,直到巷道破坏为止。按照应力的加载曲线时间间隔进行拍照,岩层倾角为 30°时,每隔 0.2 MPa 拍一组照片;岩层倾角为 45°时,每隔 0.5 MPa 拍一组照片。通过对比监测点的位移情况,从而判定巷道表面附近围岩的位移情况。

3.3.1   30°倾斜岩层巷道表面围岩裂纹演化特征

图 3-52 表明,在巷道围岩应力较小时,巷道围岩能够在不支护的情况下保持稳定,只发生很小的变形。

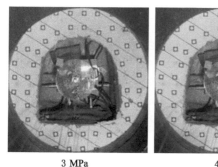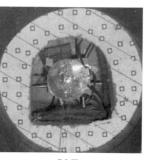

3 MPa   4 MPa   5 MPa

图 3-52   3～5 MPa 巷道表面变形情况

图 3-53 表明,随着围岩应力的逐渐增加,当围岩应力增加到 6 MPa 时,巷道表面开始出现了较为明显裂纹,裂纹首先出现在巷道低帮侧的底板内部。当围岩应力增加到 8 MPa 时,巷道底板高帮侧出现沿岩层层理方向的错动变形,底板有离层现象产生。由此表明,在持续增加的应力作用下,巷道底板的层状岩体首先发生层间滑移。

随着围岩应力的继续增加,巷道围岩表面的裂纹逐渐变大(图 3-54),当围岩应力增加到 10 MPa 时,巷道底板内的层间滑移情况更加明显,而且在巷道顶板中平行于层状岩体和巷道表面相切位置附近也有裂纹产生。随着围岩应力的增加,巷道底鼓量不断增加,底板岩层出现层状错动和弯曲折断,巷道底板两边不对称底鼓,低帮肩角两侧的裂纹不断增加。

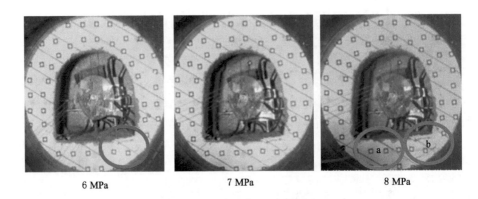

6 MPa　　　　　　　7 MPa　　　　　　　8 MPa

图 3-53　6~8 MPa 巷道表面变形情况图

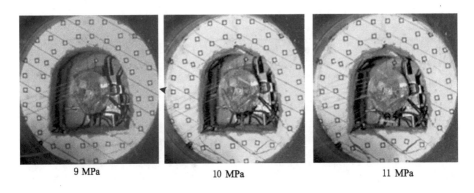

9 MPa　　　　　　　10 MPa　　　　　　11 MPa

图 3-54　9~11 MPa 巷道表面变形情况图

随着围岩应力的继续增加,巷道围岩的变形量进一步增大(图 3-55),当围岩应力达到12.2 MPa 时,巷道底板出现底鼓破坏;低帮肩角处两侧均沿着岩层分界面出现破坏。围岩应力继续加载到 12.4 MPa 时,巷道因结构失稳而突然破坏。在试块围岩应力增加过程中,巷道高帮则一直表现出相对完整性,没有发生较大的位移变形。模拟研究结果表明,相似模型巷道的变形情况和现场实测的变形情况相一致,均表现出巷道底鼓不对称、低帮肩角两侧变形大易破坏和高帮表面相对完整等特征。

3.3.2　45°倾斜岩层巷道表面围岩裂纹演化特征

图 3-56 表明,45°模型进行加载时,随着模型应力的增加,当巷道围岩在应力小于 8.5 MPa 时,巷道围岩没有明显的裂纹产生。当围岩应力大于 8.5 MPa

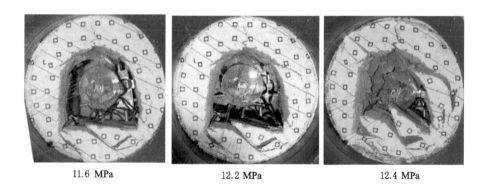

11.6 MPa　　　　　　　12.2 MPa　　　　　　　12.4 MPa

图 3-55　11.6～12.4 MPa 巷道表面变形情况

时,在巷道底板内和顶板肩角与岩层倾向平行线相切的部位开始有裂纹产生。随着围岩应力的增加,这两个部位的裂纹长度逐渐增大。当围岩应力达到9.5 MPa 时,巷道高帮底角处的层间节理面发生离层;当围岩应力达到 10 MPa时,巷道底板内和顶板肩角的裂纹发育已经非常明显。

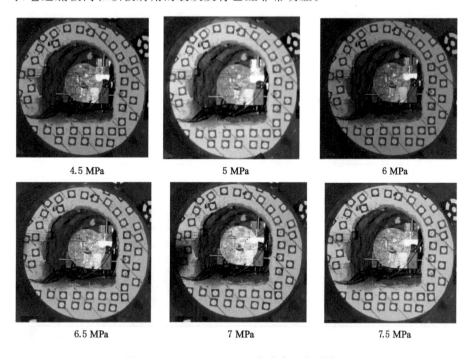

4.5 MPa　　　　　　　5 MPa　　　　　　　6 MPa

6.5 MPa　　　　　　　7 MPa　　　　　　　7.5 MPa

图 3-56　4.5～10.5 MPa 巷道表面变形情况

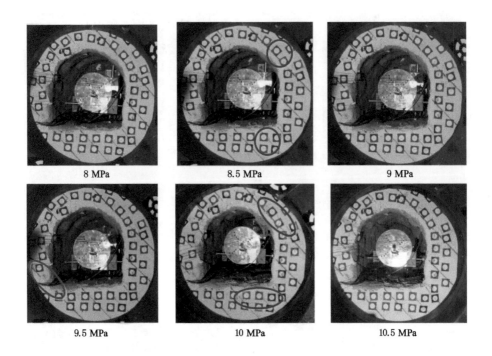

8 MPa   8.5 MPa   9 MPa

9.5 MPa   10 MPa   10.5 MPa

图 3-56(续)

　　随着围岩应力增加,巷道围岩的裂纹进一步扩大(图 3-57),当围岩应力大于 12.5 MPa 时,巷道低帮肩角沿着岩层节理面出现明显离层现象,并逐渐增大;同时,巷道高帮底角也出现了层间滑移现象,巷道底板在巷道中心出现明显底鼓现象,并且底鼓量随着应力的增加而增大。

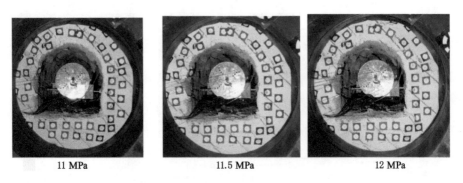

11 MPa   11.5 MPa   12 MPa

图 3-57　11~15 MPa 巷道表面变形情况

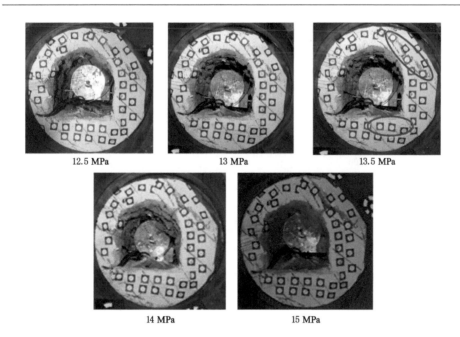

12.5 MPa　　　　13 MPa　　　　13.5 MPa

14 MPa　　　　15 MPa

图 3-57(续)

当围岩应力增加到 15 MPa 时,巷道发生结构破坏,顶板低帮侧肩角处发生大变形破坏,巷道底鼓现象严重,说明低帮肩角是巷道结构的薄弱环节。

对比岩层倾角为 30°和 45°时模型巷道围岩变形情况,表明岩层倾角为 45°时的巷道围岩结构较岩层倾角为 30°时稳定,巷道围岩能够在更大的围岩应力下保持稳定而不至于破坏。巷道高低帮和顶、底板的非均称变形有所增大,而巷道底板的非均称变形有明显的减小。

3.3.3　倾斜岩层巷道表面围岩变形规律

以巷道中心为坐标原点,以 X 正方向和 Y 正方向位移为正,X 正方向和 Y 负方向位移为负,建立坐标系统。首先利用三维摄影测量系统记录的巷道变形情况;其次计算得出巷道在不同的围压条件下巷道表面监测点相对初始位置(3 MPa 时)的位移情况;最后得出每个点相似于实体巷道对应监测点的位移。

不同应力下巷道围岩的变形照片表明,随着加载应力的增加,巷道围岩的变形量逐渐增大,最终巷道在围岩应力的作用下发生破坏。当加载应力小于7 MPa 时,巷道表面围岩的变形很小,如图 3-58 所示。从图中可以看出,巷道围岩的变形主要集中在巷道低帮和巷道底板区域,高帮变形最小。其中,低帮表面围岩的变形的大小和方向均不相同。变形大小表现为从下向上逐渐增大;变形方向表现为,底角处向巷道中心变形,肩角处沿水平方向移动。巷道底板的监测点的变形基本相同。值得注意的是:13 号、14 号、15 号、17 号和 20 号监测点的 X 和 Y 方向上的位移均为 0,而这些监测点位于巷道的高帮肩角处。总体来看,巷道表面围岩相对于实体巷道的变形量均很小最大不超过50 mm。研究表明,在应力较低的环境下,倾斜岩层对巷道围岩的变形影响不大。相对于实体巷道,此时巷道围岩的变形情况见表 3-7。

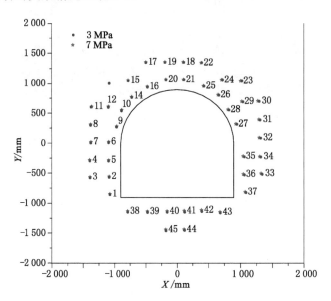

图 3-58   3~7 MPa 相对位移对比图

表 3-7   3~7 MPa 相对于实体巷道监测点的位移

编号	Δx/mm	Δy/mm	编号	Δx/mm	Δy/mm	编号	Δx/mm	Δy/mm
1	0	9	12	6	22	23	−45	−15
2	0	22	13	0	0	24	−30	−18
3	0	20	14	0	0	25	−16	−8
4	0	27	15	0	0	26	−27	0
5	12	22	16	−3	4	27	−38	−4
6	8	25	17	0	0	28	−34	0
7	13	27	18	−13	−2	29	−33	0
8	7	19	19	0	−8	30	−30	0
9	11	16	20	0	0	31	−42	5
10	13	18	21	−16	−10	32	−44	0
11	26	9	22	−18	−23	33	−42	17

表 3-7（续）

编号	$\Delta x/mm$	$\Delta y/mm$	编号	$\Delta x/mm$	$\Delta y/mm$	编号	$\Delta x/mm$	$\Delta y/mm$
34	−40	0	38	−4	22	42	−10	38
35	−43	9	39	0	24	43	−10	20
36	−42	14	40	0	25	44	−17	26
37	−30	9	41	−17	40	45	−9	34

随着围岩应力的逐渐增加,巷道变形量有了进一步的增大,但增量还并不是很大,当围岩应力达到 9 MPa 时,巷道的表面围岩的变形表现出了明显的非均称性。低帮变形量最大,顶板和底板变形次之,高帮的变形量最小,监测点的相对变形如图 3-59 所示。具体的位移见表 3-8。

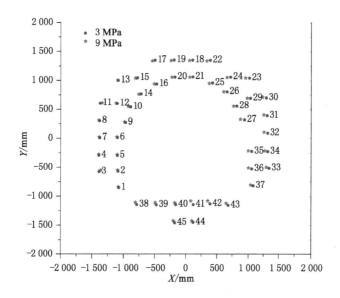

图 3-59　3-9 MPa 相对位移对比图

表 3-8　3～9 MPa 相对于实体巷道监测点的位移

编号	$\Delta x/mm$	$\Delta y/mm$	编号	$\Delta x/mm$	$\Delta y/mm$	编号	$\Delta x/mm$	$\Delta y/mm$
1	3	26	5	15	26	9	−17	17
2	3	36	6	−3	19	10	−63	10
3	12	53	7	2	21	11	97	6
4	21	28	8	−4	8	12	−32	9

表 3-8(续)

编号	Δx/mm	Δy/mm	编号	Δx/mm	Δy/mm	编号	Δx/mm	Δy/mm
13	−3	−5	24	−139	−24	35	−130	18
14	−75	−20	25	−124	−22	36	−126	34
15	−62	−23	26	−128	−2	37	−97	25
16	−77	−10	27	−159	15	38	−34	88
17	−90	−36	28	−122	−6	39	−33	89
18	−115	−24	29	−126	−4	40	−33	74
19	−103	−29	30	−150	22	41	−89	150
20	−109	−12	31	−135	23	42	−83	119
21	−114	−20	32	−147	33	43	−75	77
22	−124	−34	33	−113	34	44	−46	63
23	−153	−1	34	−121	23	45	−43	79

图 3-60 表明,巷道围岩应力从 9 MPa 上升到 12 MPa 过程中,巷道围岩中监测点在 x 方向和 y 方向上的位移急剧增大,但是总体上还是表现出非均称性,巷道底板的变形量最大,低帮次之,顶板的变形量居中,高帮的变形量最小。具体数据见表 3-9。

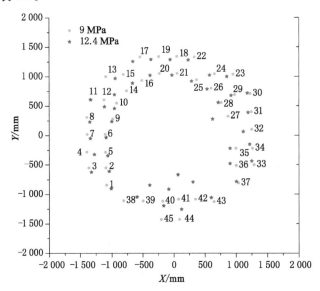

图 3-60　9～12.4 MPa 相对位移对比图

表 3-9　9～12.4 MPa 相对于实体巷道监测点的位移

编号	$\Delta x/mm$	$\Delta y/mm$	编号	$\Delta x/mm$	$\Delta y/mm$	编号	$\Delta x/mm$	$\Delta y/mm$
1	162	−162	16	−380	−129	31	−119	−40
2	111	−157	17	−292	−203	32	−319	−102
3	77	−186	18	−272	−145	33	−80	148
4	270	−114	19	−315	−139	34	−100	154
5	69	−156	20	−380	−92	35	−228	−13
6	22	−150	21	−215	−86	36	−235	69
7	99	−179	22	−241	−137	37	−72	53
8	92	−205	23	−242	−108	38	521	140
9	−54	−124	24	−193	−71	39	251	643
10	−102	−235	25	−198	−77	40	233	483
11	7	−22	26	−162	−46	41	−26	1002
12	−2	−301	27	−605	−132	42	−99	702
13	—	—	28	−115	−6	43	−107	159
14	−500	−179	29	−138	−45	44	75	406
15	−341	−176	30	−106	6	45	88	555

表 3-10 和图 3-61 分别记录了模拟模型在围岩应力增加的情况下,开始变形和破坏两个状态下对应监测点的位移情况。研究表明,巷道围岩变形情况可以分为 4 个区域:巷道高帮、巷道低帮、巷道顶板和巷道底板。

表 3-10　3～12.4 MPa 相对于实体巷道监测点的位移

编号	$\Delta x/mm$	$\Delta y/mm$	编号	$\Delta x/mm$	$\Delta y/mm$	编号	$\Delta x/mm$	$\Delta y/mm$
1	140	−136	10	−190	−224	19	−443	−168
2	89	−121	11	80	−16	20	−514	−105
3	140	−134	12	−59	−292	21	−354	−105
4	267	−86	13	2 651	−2 456	22	−389	−171
5	60	−130	14	−600	−199	23	−420	−108
6	−5	−131	15	−428	−199	24	−357	−95
7	77	−157	16	−481	−139	25	−347	−99
8	63	−196	17	−407	−239	26	−315	−48
9	−95	−107	18	−412	−170	27	−788	−117

表 3-10(续)

编号	Δx/mm	Δy/mm	编号	Δx/mm	Δy/mm	编号	Δx/mm	Δy/mm
28	−261	−12	34	−245	177	40	176	557
29	−288	−49	35	−382	5	41	−139	1152
30	−280	29	36	−386	103	42	−207	821
31	−278	−17	37	−193	78	43	−206	237
32	−491	−69	38	463	228	44	5	469
33	−217	182	39	193	732	45	21	634

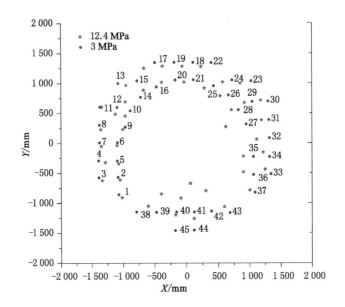

图 3-61　3～12.4 MPa 相对位移对比图

① 巷道高帮变形表现为监测点向巷道中心和底板移动,随着监测点距离底板高度的增加,监测点水平位移和垂直位移逐渐减小,说明高帮底部变形量大于高帮肩角处的变形。

② 巷道低帮变形表现为监测点向巷道中心和底板移动,水平位移随着监测点距离底板高度增加而增加,在肩角处达到最大值;低帮底角处垂直位移方向向上,随监测点距离底板高度的增加而逐渐减小,到肩角处的垂直位移方向向下,在低帮肩角处存在垂直位移的零位移点。

③ 巷道底板监测点的垂直位移均指向巷道中心方向,位移大小以巷道中心左右不对称,高帮侧位移大,低帮侧位移相对较小,水平位移则表现为以巷道中

心为界方向相反,均指向巷道中心,高帮侧位移大于低帮侧的位移。底板变形破坏和现场实际相同,是巷道结构变形量最大的区域,也是最先出现变形破坏的区域。

④ 巷道顶板监测点的变形表现为:水平位移方向均指向高帮侧,高帮侧的水平位移大于低帮侧的位移;垂直位移表现为高帮肩角处最小,低帮肩角处最大。

3.3.4 45°倾角倾斜岩层巷道表面围岩变形规律

对比 45°倾角的模拟模型在不同应力水平条件下的巷道变形图,并利用摄影测量系统得到不同应力水平下巷道围岩对应监测点的相对位移。图 3-62 是围岩应力为 13 MPa 时和围岩应力为 4 MPa 时的监测点位置对比图。可以看出,当巷道围岩倾角为 45°时,巷道围岩变形破坏具有明显的非均称性,巷道的顶板和低帮有很大的变形,而巷道的底板内的变形仍然很小。巷道底板变形较顶板和两帮不同,底板内中心点附近的位移最大,两边的位移小;巷道高、低帮侧的位移不同,高帮侧的位移较小,同时高帮表现出较好的完整性;低帮和顶板相交的低帮肩角区,由于在巷道表面和岩层相切的位置,因此这里的位移最大,有明显的层间离层产生,顶板靠近高帮侧则相对完整,变形量较小。

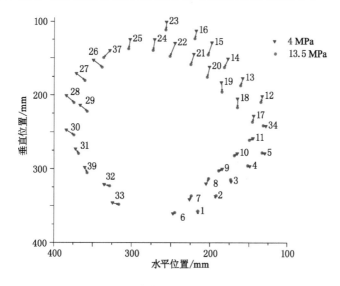

图 3-62 45°模型监测点位置对比图

30°和 45°岩层倾角情况下,巷道围岩位移随围岩应力的变化情况表明:在巷道围岩的岩层倾角增加后,巷道底板的变形量和变形非均称性都减小,底板围岩更加稳定;顶板和低帮肩角处和岩层相切位置的变形量最大,并随相切点的变化而移动;巷道高帮在两个倾角条件下的变形均表现出相对稳定特征。

3.4 倾斜岩层巷道围岩内部裂纹发展特征

通常在巷道围岩控制中,不仅需要掌握巷道表面变形规律,还应掌握巷道围岩内部的裂纹发育规律,为制订更合理的支护方案提供依据。围岩内部的裂纹发育规律,也反映了巷道围岩不同区域受力上的差异。为了掌握巷道周边围岩内部变形破坏情况,对变形卸载后的物理模型进行了保护性拆解,从而研究模型内部的裂纹发育规律。从物理模型的拆解过程来看,巷道表面附近围岩内部围岩裂纹发育呈现明显的非均称性。

3.4.1 倾斜岩层巷道顶板内部裂纹发育特征

由于岩层倾角的存在,巷道顶板变形产生了非均称变形。巷道顶板层状岩体的裂纹发育少,顶板的左右两侧变形量不同,顶板右肩角处的区域水平位移大于左肩角处的位移。由此形成了顶板岩层内部的裂纹发育不同,顶板高帮肩角的裂纹发育少,围岩完整性好,而顶板低帮肩角处的围岩裂纹发育多,有一定的贯通裂纹,如图 3-63 所示。

图 3-63 巷道顶板内部破坏情况

同时巷道顶板内未被巷道掘进截断岩层的完整性较好,没有明显的裂纹产生,说明沿着岩层倾斜方向的应力有利于整层岩体的稳定性。

3.4.2 倾斜岩层巷道两帮内部裂纹发育特征

巷道围岩表面变形情况表明,巷道高低帮的变形量不同,物理模型的拆卸过程表明,巷道高帮和低帮围岩中不同层位的岩体内部的裂纹发育和分布特征不同。

（1）高帮围岩裂纹发育特征

巷道高帮表面未产生明显的裂纹和变形破坏,但对比分析图 3-64 和图 3-65 发现,裂纹在高帮中发育呈现以下特征:

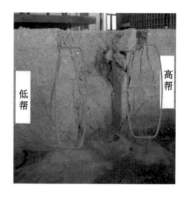

图 3-64　巷道两帮内部破坏情况

低帮　　　　　　　　　　　　帮角

图 3-65　巷道低帮内部破坏情况

① 在巷道高度方向上,高帮肩角处围岩裂纹发育量少,围岩相对完整;越靠近高帮底角裂纹发育数量越多。

② 裂纹距离巷道表面方向上来看,靠近高帮表面的裂纹宽度大,深部的裂纹宽度小,靠近高帮表面的裂纹发育多,距离表面越远裂纹发育越少,表明在高帮内产生的裂纹由外向内逐渐减少

③ 裂纹沿着巷道轴向方向发育,大致和巷道轴向平行。

（2）低帮围岩裂纹发育特征

巷道低帮围岩内部裂纹发育规律和高帮不同,低帮围岩内部的裂纹发育表现出以下特征:

① 在巷道高度方向上,低帮肩角出的裂纹更靠近巷道表面,而低帮中部的裂纹距离巷道表面最远,低帮底角处的裂纹和巷道表面的距离处于低帮中部和肩角距离之间。

② 低帮围岩内部的裂纹发育宽度上,裂纹的宽度越靠近底角越宽,越靠近肩角越小。

③ 低帮围岩内部的裂纹发育数量较高帮少,裂纹的宽度也比巷道高帮小。

两帮的裂纹发育情况和现场钻孔窥视结果高度一致(图 2-3),均表现出高帮表面完整而内部的裂隙发育多,低帮围岩内部的裂隙发育少。巷道高帮和低帮内部的裂纹发育情况表明,巷道两帮围岩表面变形产生的机理不同。高帮的水平位移小于低帮水平位移,但是低帮的裂纹发育量小于高帮裂纹发育量。因此,低帮水平位移不是主要来自巷道内部的裂纹发育,而是来自低帮围岩的岩体自身变形,高帮内围岩的变形则主要来自围岩的裂纹发育。

3.4.3 倾斜岩层巷道底板内部裂纹发育特征

图 3-66 表明,巷道底板内部围岩变形破坏具有以下特征:

(a) 底板 　　　　　　　　(b) 底板帮角

图 3-66 巷道底板破坏情况

① 在高帮侧底板内部产生了大量的和巷道轴向平行的裂纹,说明同一层位岩体高帮侧底板破坏较低帮侧严重。

② 底板内被巷道截断的层状岩体沿层间节理产生相对滑移变形,这主要由于层状岩体之间节理面抗剪能力弱引起的。

③ 高帮底角和低帮底角的裂纹发育相比,高帮底角处的裂纹量多而不规则,低帮底角的裂纹相对较少。这也是高低帮底角的受力不同引起的,高帮底角岩体受拉力作用,低帮的岩体主要受到压力作用。

3.5   巷道围岩位移和应力演化特征

（1）30°模型巷道围岩多点位移动态特征

利用自制盘式多点位移计对巷道围岩内监测点位移情况进行记录。图 3-67 是30°模型巷道围岩中位移监测点的布置图。由于模型条件的限制，在30°的模型中的布置情况如下：顶板 4 个点，分别距离巷道顶板表面 70 mm、140 mm、200 mm 和 300 cm；高帮 2 个点，分别距离高帮表面 90 mm 和 257 mm；底板 2 个点，分别距离底板表面 120 mm 和 260 mm；低帮 3 个点，分别距离低帮表面 60 mm，180 mm 和 300 mm。

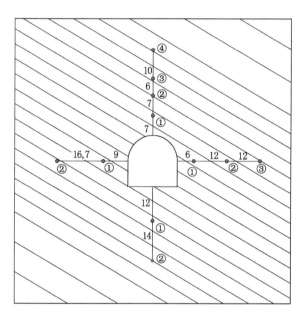

图 3-67   多点位移计安装布置图

如图 3-68 至图 3-71 所示，随着模型围岩应力的增加巷道围岩内的监测点的位移有以下特征：所有监测点均向巷道中心发生位移，只是位移的大小不同；距离巷道表面越近监测点向巷道中心的位移越大，随着和巷道表面距离的增加，围岩位移逐渐减小；巷道高帮围岩内监测点的位移小，只有低帮的1/2左右；巷道顶底板内位移监测点的位移基本相同。

（2）45°模型巷道围岩多点位移动态特征

图 3-72 是 45°模型巷道围岩中位移监测点的布置图。从图 3-73 至图 3-75

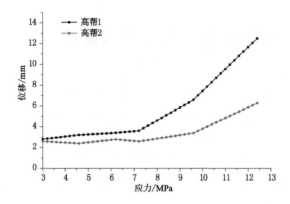

图 3-68　高帮多点位移计读数变化曲线

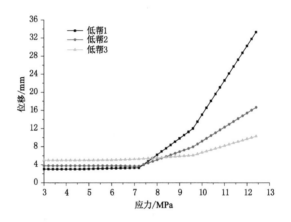

图 3-69　低帮多点位移计读数变化曲线

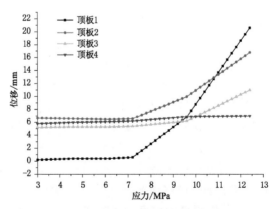

图 3-70　顶板多点位移计读数变化曲线

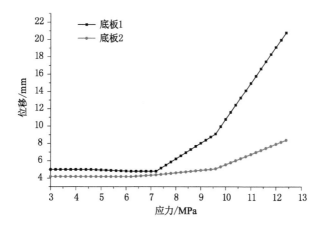

图 3-71　底板多点位移计读数

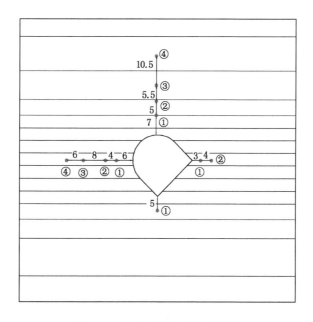

图 3-72　多点位移计安装布置图

可以看出,随着巷道围岩应力的增加,45°模型巷道围岩内的监测点的位移有以下特征:巷道围岩均向巷道中心发生位移,右帮肩角的表面位移最大,达到了21 mm,右帮底角的表面位移最小,达到 12 mm。随着和巷道表面距离的增加,围岩向巷道中心的位移逐渐减小。从图中还可以看出,靠近模型外边界的 4 号点位移比 3 号点大,主要是因为模型四周的加载造成的。巷道高帮围岩的位移只有低帮的 1/2,顶、底板的位移基本相同。从变形的特征来看,巷道右帮肩角和左帮的底角位移较大,左帮肩角和右帮的底角的位移较小。

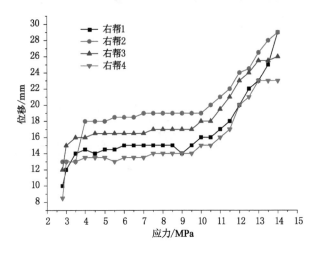

图 3-73　右帮多点位移计读数

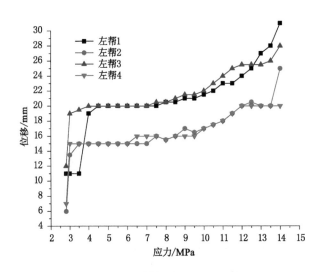

图 3-74　左帮多点位移计读数

（3）45°模型巷道围岩应力特征

图 3-76 和图 3-77 表明,45°倾角模型中的应力分布有以下特征:816 号监测点距离巷道表面较远因此应力值最大,1 号点位于巷道高帮肩角稳定区,应力较大,2 号监测点和 4 号监测点在右帮肩角和低帮的大变形之前应力逐渐增加。当出现大变形之后,应力增加值逐渐减小。

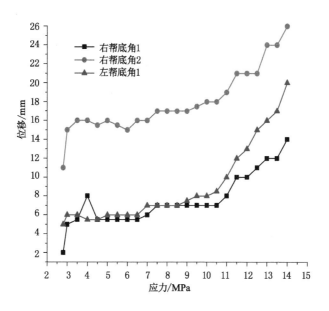

图 3-75　低帮多点位移计读数

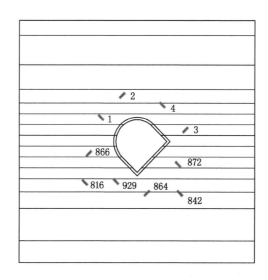

图 3-76　应力监测点布置图

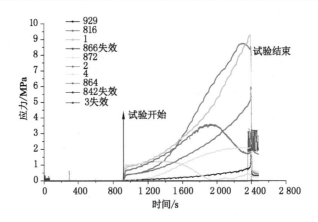

图 3-77　应力监测点应力变化曲线

3.6　本章小结

本章介绍了"三向五面"竖向主加载相似模拟试验系统的功能特点,确定了高应力物理模拟材料,完成了系统的初次调试,然后利用系统进行了 30°和 45°岩层倾角的倾斜岩层巷道的物理模拟模型模拟。模拟结果表明:

① 系统能够满足模拟深部应力场的要求。

② 深部倾斜岩层巷道变形表现出显著的非均称性特征:巷道底板首先发生变形,然后是巷道顶板和岩层相切处,最后是巷道低帮。

③ 顶板围岩位移在岩层和巷道表面相切点两侧位移最大。

④ 高帮变形量小,低帮变形量大,底板中心线两侧变形量不对称,高帮侧变形量大。

⑤ 两帮内部裂纹发育不同,高帮裂纹发育丰富,低帮裂纹发育少。

⑥ 对比 30°和 45°模拟结果表明,巷道围岩顶板和两帮的变形非均称性随岩层倾角增加而增大,底板的非均称性则随岩层倾角增加而减小。

4 深部巷道非均称变形随岩层倾角演化规律

不同矿区巷道围岩的岩层倾角各不相同,掌握不同倾角的围岩对巷道变形和破坏影响规律,是提出合理支护措施控制巷道变形的基础。本章采用离散元软件 3DEC 程序,建立不同倾角条件下的深部巷道模型,模拟分析倾斜岩层巷道围岩变形和围岩应力随岩层倾角变化规律。

4.1 深部倾斜岩层巷道模型构建

4.1.1 模型条件与应力环境

(1)模型条件

巷道围岩中包含多层岩层,且岩层有一定倾角,因此采用通用离散单元法程序 3DEC 建立数值模拟模型,该软件中不连续面被处理为块体间的变截面,允许块体沿不连续面发生较大的位移和转动。在模型建立过程中,应考虑以下条件:

① 巷道为直墙半圆拱左右对称,但岩层有一定倾斜角度,致使围岩结构左右不对称,因此取巷道全断面进行分析;

② 考虑模型的边界大小,模型太小计算速度快,但是会影响巷道的变形,模型太大计算速度慢,但巷道变形准确,因此取巷道表面到边界的距离为 5 倍以上巷道宽;

③ 巷道为半圆拱形,净宽×净高=4.4 m×4.4 m。模拟对象江西曲江矿,巷道埋深为−850 m,地面标高+37 m。各岩层岩石参数见表 4-1。

表 4-1　各岩层岩石参数

岩层	体积模量/GPa	剪切模量/GPa	内摩擦角/(°)	黏聚力/MPa	抗拉强度/MPa
上覆岩层	11.10	8.50	30	11.85	2.20
粉砂岩	15.21	10.18	32	13.20	2.60

表 4-1(续)

岩层	体积模量/GPa	剪切模量/GPa	内摩擦角/(°)	黏聚力/MPa	抗拉强度/MPa
泥岩	10.95	7.54	28	6.00	2.06
细砂岩	10.86	8.26	30	11.80	4.20
中砂岩	11.49	8.26	29	12.44	2.10

（2）模型建立

建立了 14 个不同岩层倾角的巷道模型。岩层倾角分别设置为：10°、15°、20°、25°、30°、35°、40°、45°、50°、55°、60°、70°、80°和 90°。模拟时对现实情况进行了一定的简化，巷道周围的围岩层间距设置为 1 m，模型中岩层呈平行分布，模型尺寸为 40 m×40 m×20 m，岩石强度取为中砂岩，巷道埋深为 1 000 m。30°岩层倾角的模型如图 4-1 所示。

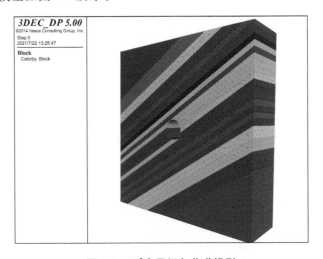

图 4-1　30°岩层倾角巷道模型

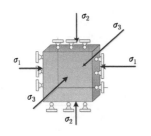

图 4-2　倾斜岩层巷道受力模型

（3）模型应力环境

模型底面固定，四周 4 个面不能沿水平方向移动，但能上下移动；顶面能够上下移动，但不能水平移动。模型表面的应力方向，假设模型四周 4 个面均受到相同水平应力的作用，顶面和底面受到垂直应力的作用模型受力分析，如图 4-2 所示。

（4）模型网格划分

　　网格的划分对于模型的运算速度和精度都有着至关重要的影响,网格小,精度高,运算速度慢,网格大,精度差,运算速度快。对于不规则块体,3DEC 中有两种不同的网格划分,一种是普通四面体,另一种是高阶四面体,两种不同的划分方法得到的结果误差不同。图 4-3 为服从莫尔-库仑材料变形的圆形孔采用两种不同的划分网格形式得到的网格划分形式。根据两种不同网格划分方式,得到的模拟结果和解析结果的对比,如图 4-4 所示。从图 4-4 中可以看出,高阶四面体较普通的四面体更逼近解析解的计算结果。因此,在网络的划分中采用高阶四面体作为模型的划分方式。

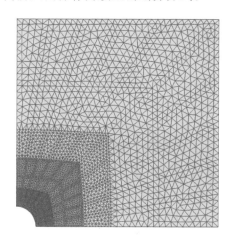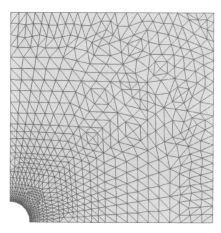

图 4-3　两种不同的网格划分方式

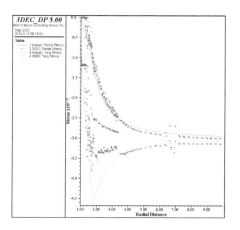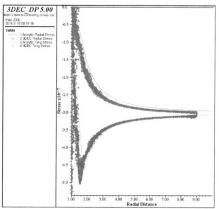

图 4-4　两种网格划分模拟结果

4.1.2　巷道表面围岩位移监测点布置

为了掌握巷道表面围岩位移随岩层倾角的变化情况,在巷道两帮围岩表面设置 60 个监测点,监测巷道表面围岩水平方向和垂直方向上的位移。具体监测点布置情况如图 4-5 所示。计算模型中采用莫尔-库仑弹塑性本构模型,采用接触-摩擦型的接触面单元来研究倾斜岩层条件下巷道围岩的非线性大变形特征。

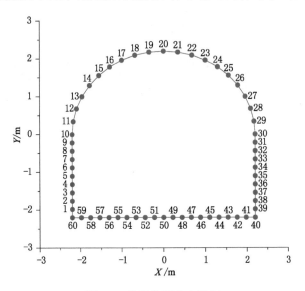

图 4-5　巷道监测点布置图

4.1.3　巷道结构变形速度随岩层倾角变化关系

对数值模拟模型变形的时间和计算步数进行记录,模型破坏运行参数结果表明:为围岩岩性参数相同条件下,岩层倾角对深部巷道围岩的整体变形和破坏速度有影响;在岩层倾角为 30°的情况下,巷道稳定性最差;在不支护的情况下,围岩变形破坏速度最快。不同倾角围岩巷道的变形速度对比见表 4-2。

表 4-2　不同倾角下模型的变形步数

岩层倾角/(°)	运行步数	变形速度	岩层倾角/(°)	运行步数	变形速度
10	38 000	9	25	16 800	2
15	19 900	5	30	15 000	1
20	18 600	4	35	17 200	3

表 4-2(续)

岩层倾角/(°)	运行步数	变形速度	岩层倾角/(°)	运行步数	变形速度
40	20 000	6	60	44 000	11
45	28 000	7	70	48 000	12
50	32 000	8	80	49 000	13
55	38 500	10	90	50 000	14

4.2 巷道围岩表面位移随倾角变化规律

4.2.1 巷道围岩位移矢量随倾角变化规律

对不同倾角下倾斜岩层巷道模型进行模拟,得到不同倾角下巷道围岩变形的模拟结果,首先将监测点的位移数据导出,再利用 origin 软件绘出监测点 x 和 y 方向上的位移,由此绘制每个监测点相对于原位置的位移矢量图,分别如图 4-6 至图 4-20 所示。(注:图中箭头表示监测点位移方向和长度表示位移大小)

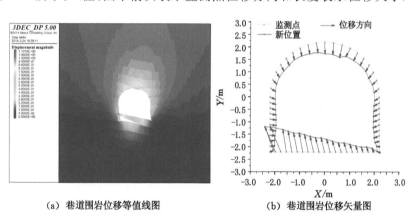

(a) 巷道围岩位移等值线图　　　　(b) 巷道围岩位移矢量图

图 4-6　10°岩层倾角巷道围岩位移对比图

不同围岩倾角条件下巷道围岩位移对比图表明,巷道围岩位移等值线呈近椭圆形分布,椭圆长轴垂直于岩层倾向,并且随岩层倾角的增加而转动,巷道围岩变形影响范围随岩层倾角的增加而逐渐减小。巷道顶板区域位移等值线椭圆的圆心在岩层和巷道顶板相切处;底板位移等值线的圆心在岩层倾角较小时在巷道底板中心,随岩层倾角的增加而向高帮底角移动。巷道表面监测点位移情况表明,顶板围岩位移峰值点位于巷道顶板表面和岩层相切处,主要以垂直位移

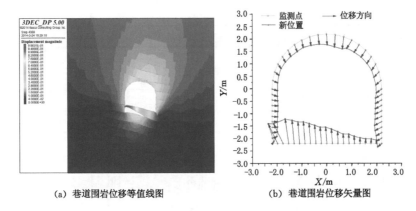

(a) 巷道围岩位移等值线图　　　(b) 巷道围岩位移矢量图

图 4-7　15°岩层倾角巷道围岩位移对比图

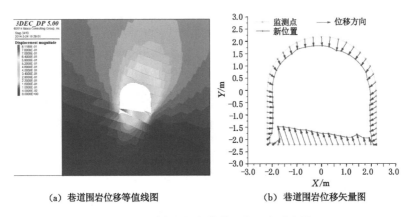

(a) 巷道围岩位移等值线图　　　(b) 巷道围岩位移矢量图

图 4-8　20°岩层倾角巷道围岩位移对比图

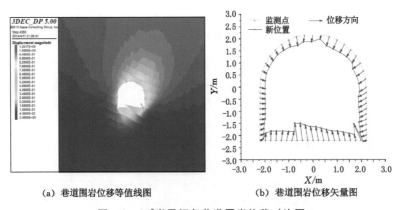

(a) 巷道围岩位移等值线图　　　(b) 巷道围岩位移矢量图

图 4-9　25°岩层倾角巷道围岩位移对比图

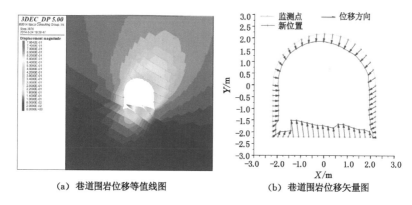

（a）巷道围岩位移等值线图　　　　　（b）巷道围岩位移矢量图

图 4-10　30°岩层倾角巷道围岩位移对比图

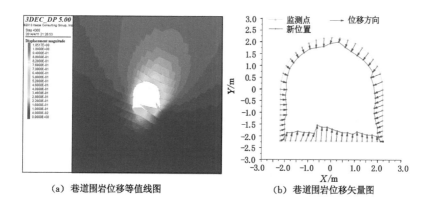

（a）巷道围岩位移等值线图　　　　　（b）巷道围岩位移矢量图

图 4-11　35°岩层倾角巷道围岩位移对比图

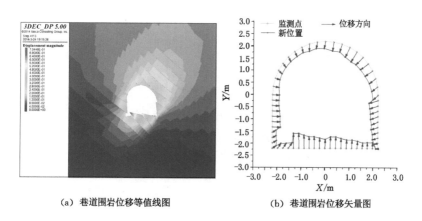

（a）巷道围岩位移等值线图　　　　　（b）巷道围岩位移矢量图

图 4-12　40°岩层倾角巷道围岩位移对比图

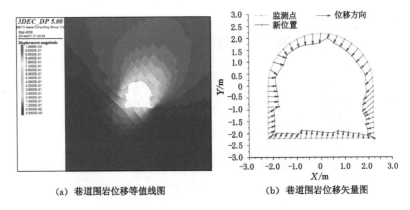

(a) 巷道围岩位移等值线图　　　　　(b) 巷道围岩位移矢量图

图 4-13　45°岩层倾角巷道围岩位移对比图

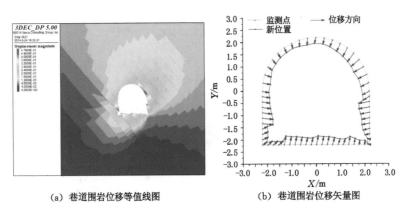

(a) 巷道围岩位移等值线图　　　　　(b) 巷道围岩位移矢量图

图 4-14　50°岩层倾角巷道围岩位移对比图

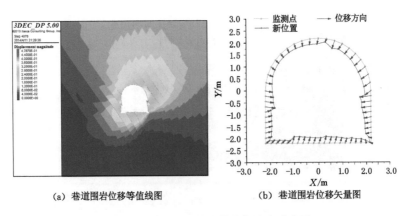

(a) 巷道围岩位移等值线图　　　　　(b) 巷道围岩位移矢量图

图 4-15　55°岩层倾角巷道围岩位移对比图

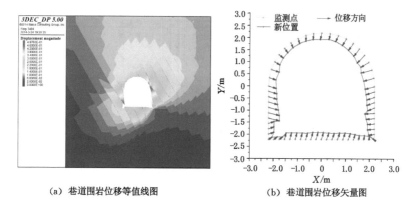

（a）巷道围岩位移等值线图　　　　　（b）巷道围岩位移矢量图

图 4-16　60°岩层倾角巷道围岩位移对比图

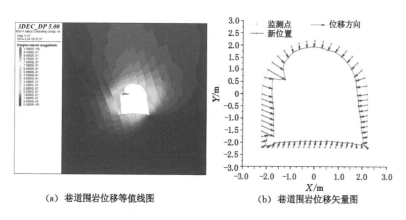

（a）巷道围岩位移等值线图　　　　　（b）巷道围岩位移矢量图

图 4-17　70°岩层倾角巷道围岩位移对比图

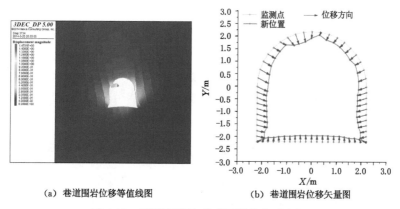

（a）巷道围岩位移等值线图　　　　　（b）巷道围岩位移矢量图

图 4-18　80°岩层倾角巷道围岩位移对比图

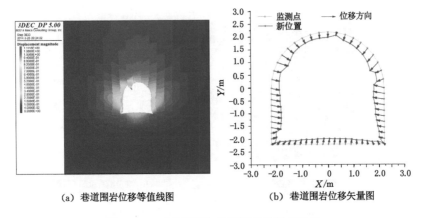

（a）巷道围岩位移等值线图　　　　（b）巷道围岩位移矢量图

图 4-19　90°岩层倾角巷道围岩位移对比图

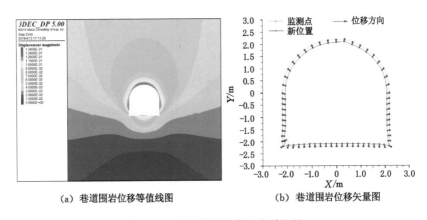

（a）巷道围岩位移等值线图　　　　（b）巷道围岩位移矢量图

图 4-20　均值巷道围岩位移对比图

为主。巷道两帮围岩位移情况不同,岩层倾角小于 45°时高帮围岩以水平位移为主,岩层倾角大于 45°时位移表现为向巷道下方和水平方向的综合位移。低帮围岩在岩层倾角小于 45°时位移方向以垂直位移为主,在岩层倾角大于 45°时逐渐变为以水平位移为主。当岩层倾角为 90°时,巷道顶板、两帮和底板围岩的变形沿巷道中心左右对称。

4.2.2　巷道两帮水平位移和垂直位移随岩层倾角变化规律

（1）根据模拟得到的监测点位移数据,得出不同倾角下巷道高帮水平位移（图 4-21）和低帮水平位移（图 4-22）。

在监测区域内,高低帮水平位移变化呈现如下规律:

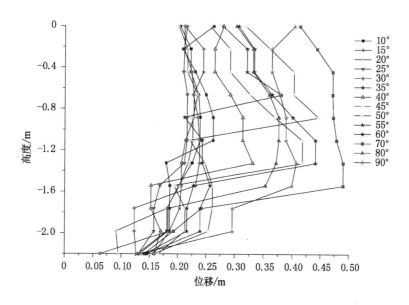

图 4-21　不同倾角下高帮水平位移

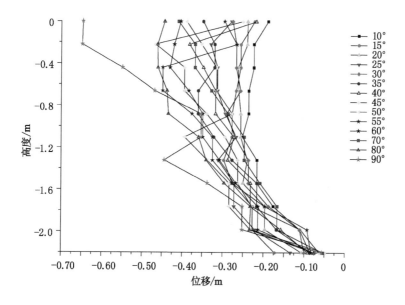

图 4-22　不同倾角下低帮水平位移

① 巷道高帮和低帮水平位移方向相反,大小均与岩层倾角呈正比例关系,随岩层倾角增加而不断增大。

② 当岩层倾角小于 45°时,巷道高帮和低帮水平位移基本相等;当岩层倾角大于 45°以后,高帮水平位移增速大于低帮增速,并在 70°时达到最大值,然后逐渐减小;低帮水平位移则是逐渐增加。随着随倾角增加,高低帮水平位移趋于相等,倾角为 90°高低帮水平位移相等。

③ 高帮水平位移在监测范围内底角处最小,中间最大,顶角次之。低帮水平位移在顶角处最大,随高度减小而不断减小,在低帮帮角处最小。

(2) 图 4-23 和图 4-24 表明,在监测区域内高低帮的垂直位移具有如下特征:

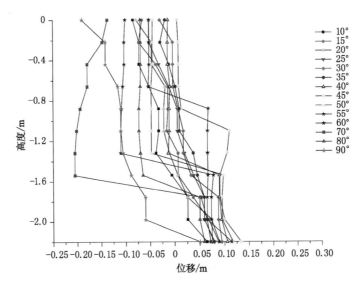

图 4-23　不同倾角下高帮垂直位移

① 巷道高帮和低帮表面围岩垂直位移随岩层倾角的增加先增大、再减小,但是具体规律不同。高帮围岩岩层底部和巷道相交,岩层垂直位移在 45°时最小,在 70°时是最大。低帮围岩岩层上部和巷道相交,当倾角小于 45°时逐渐增加,当倾角等于 45°时两帮垂直位移达到最大值,当倾角大于 45°时两帮垂直位移逐渐减小。

② 随着岩层倾角增加,巷道两帮垂直位移趋于相等。

③ 低帮垂直位移在底角处最小,随高度增加而增大,在顶角处最大;高帮垂直位移,由于受到层状岩体的影响,在底角附近处最大,随高度增加而减小。高低帮的垂直位移呈近似中心对称分布。

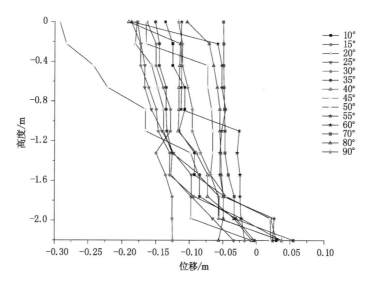

图 4-24 不同倾角下低帮垂直位移

4.2.3 巷道底板垂直位移和水平位移随岩层倾角变化规律

（1）图 4-25 表明,不同倾角条件下巷道底板围岩的垂直位移存在以下规律:

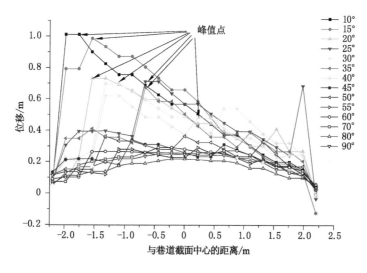

图 4-25 不同倾角下底板垂直位移

① 岩层倾角为 10°时,底板监测点垂直位移最大,随着岩层倾角的增加,底板不同监测点的垂直位移逐渐减小,在 90°时达到最小值。

② 随着岩层倾角的增加,底板围岩变形逐渐由非均称变形向均称变形转变。当巷道围岩倾角大于 45°时,底板内不同监测点的垂直位移基本相同。

③ 随着岩层倾角的增加,巷道底板内垂直位移峰值点,从高帮附近逐渐向巷道中心移动。当岩层倾角大于 45°时,垂直位移不存在峰值点。

(2) 图 4-26 表明,不同倾角条件下巷道底板围岩的水平位移存在以下规律:

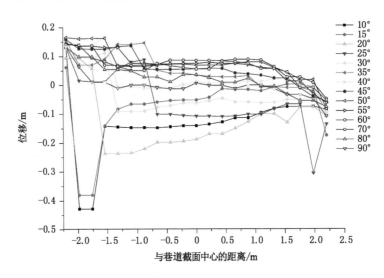

图 4-26　不同倾角下底板水平位移

① 岩层倾角对巷道底板两侧帮角处的水平位移基本没有影响,不同倾角下帮角处位移基本相等。

② 巷道底板围岩水平位移在 40°和 90°时水平位移等于 0。

③ 随着岩层倾角的变化,当岩层倾角小于 40°时,底板监测点水平位移为负,在岩层倾角为 20°时达到最大值;当岩层倾角大于 50°时,底板监测点水平位移为正,在 60°时达到最大值。

4.2.4　巷道顶板水平位移和垂直位移随岩层倾角变化规律

(1) 图 4-27 表明,不同倾角条件下巷道顶板围岩的水平位移存在以下规律:

① 巷道顶板围岩监测点的水平位移方向不同,在高帮侧指向 X 轴正方向,低帮侧指向 X 轴负方向。顶板围岩水平方向的零位移点,倾角为零时在巷道中心,随岩层倾角的增加逐渐向高帮移动,当岩层倾角为 45°时达到最大值;随岩层倾角的继续增加零位移点向巷道中心点移动,当岩层倾角为 90°时,x 方向零位移点在巷道顶板中心。

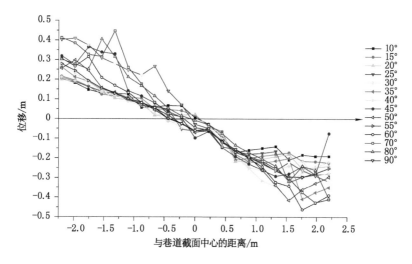

图 4-27 不同倾角下顶板水平位移

② 巷道顶板高帮侧围岩监测点在岩层倾角小于 45°时水平位移基本相等，倾角大于 45°时水平位移随岩层倾角的增加有较大弧度的增加，倾角在 70°时达到最大值。低帮侧围岩监测点水平位移随着倾角的增加至 70°时达到最大值，之后逐渐减小。

③ 当岩层倾角为 90°时，顶板两边的水平位移大小相等、方向相反。

(2) 图 4-28 表明，不同倾角条件下巷道顶板围岩的垂直位移存在以下规律：

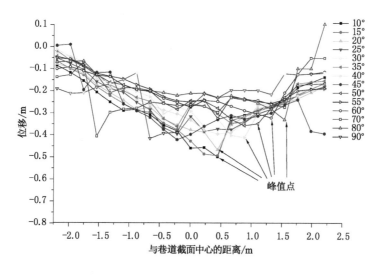

图 4-28 不同倾角下顶板垂直位移

① 巷道顶板围岩监测点垂直位移方向向下,随岩层倾角的增加,围岩监测点的垂直位移逐渐减小。

② 随着岩层倾角的增加,顶板监测点的垂直位移峰值点逐渐向顶板低帮侧移动,峰值点是岩层和巷道表面的切点;同时,峰值点位移峰值也逐渐减小。当岩层倾角为 90°时,顶板监测点的垂直位移以顶板中心对称。

③ 随岩层倾角的增加,顶板围岩垂直位移的非均称变形差异逐渐减小。

4.3 巷道围岩变形非均称性分析

巷道围岩的非均称变形造成了巷道围岩变形不同步,有的巷道部位的变形量大,而有的部位的变形量小,对不同倾角条件下巷道围岩监测的变形结果进行统计盒图分析,找出围岩非均称变形随岩层倾角的变化规律。盒图是描述数据离散程度的一种图形,1977 年由美国统计学家约翰·图基(John Tukey)发明。它由 6 个数值点组成:最大值、上四分位数、中位数、下四分位数、最小值和平均值,如图 4-29 所示。

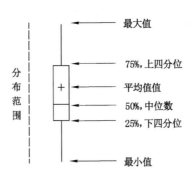

图 4-29　盒图的图例说明

图 4-29 中下四分位数、中位数、上四分位数组成一个"带有隔间的盒子"。由于现实数据存在一些变异点,这些变异点会导致数据分布发生偏移,通常将这些点单独绘出。

根据模拟数据结合盒图得出不同倾角下巷道围岩的变形大小分布情况,具体如下:

图 4-30 表明,随岩层倾角的增加,水平位移的分布区间逐渐增加,同时上四分位的分布区间明显大于下四分位的分布区间,巷道围岩水平位移的非均称性逐渐增加。

图 4-31 表明,随岩层倾角的增加,巷道围岩监测点的垂直位移分布区间逐

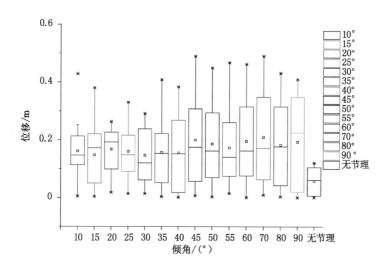

图 4-30 监测点水平位移分布图

渐减小,上、下四分位的区间分布长度差异逐渐减小,表明巷道围岩垂直位移的非均称性随岩层倾角的增加而逐渐减小。对比无节理下的巷道围岩垂直位移的分布区间可知,当岩层倾角为 90°时,巷道围岩监测点的位移分布区间仍然比无节理的均值围岩大。

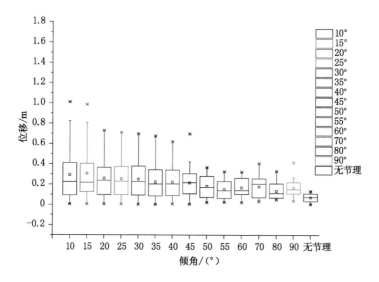

图 4-31 监测点垂直位移分布图

图 4-32 表明,随巷道围岩倾角的增加,巷道围岩监测点总位移分布区间逐渐减小,并在 90°时达到最小;同时,上、下四分位的分布区间长度差也逐渐减小,表明巷道围岩的非均称变形随围岩倾角的增加而逐渐减小。

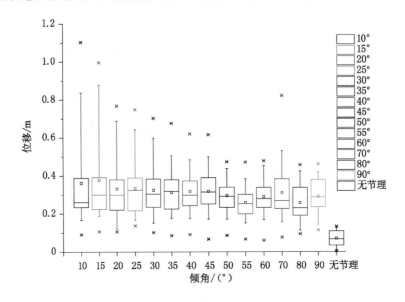

图 4-32　监测点总位移分布图

对于巷道围岩非均称变形,还需要进一步的研究巷道围岩中不同监测点变形数据的离散程度。使用非均称指数来表征巷道的非均称变形的大小。

巷道围岩监测点每个点的总位移为 S_i,则巷道围岩监测点的位移平均值为:

$$\bar{S} = \frac{1}{N} \sum_{i=1}^{N} S_i \quad (i = 1, 2, \cdots, 60)$$

巷道围岩监测点变形非均称指数为:

$$\xi = \sqrt{\frac{1}{N} \sum_{i=1}^{N} (S_i - \bar{S})^2}$$

图 4-33 表明,巷道围岩变形位移的平均值随岩层倾角的增加而逐渐减少,同时巷道围岩变形非均称指数随着围岩倾角的增加而逐渐减小。无节理围岩巷道非均称指数只有 0.045,是倾斜岩层巷道不同倾角围岩的非均称指数的最小值的 1/2。

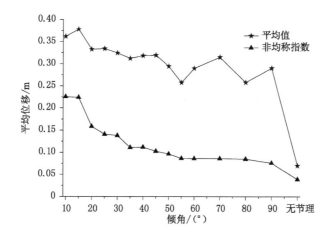

图 4-33　非均称指数变化曲线

4.4　巷道围岩最大主应力随岩层倾角演化规律

根据数值模拟结果,得到了不同岩层倾角条件下巷道围岩最大主应力的分布情况,分别如图 4-34 至图 4-47 所示。分析对比巷道围岩最大主应力分布图可知,随着巷道围岩中岩层倾角的增加,巷道围岩中最大主应力分布存在以下规律:

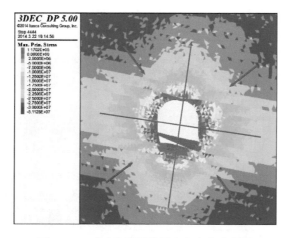

图 4-34　10°时巷道围岩最大主应力分布图

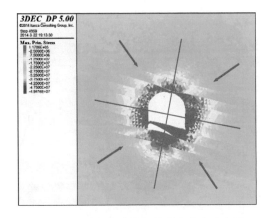

图 4-35　15°时巷道围岩最大主应力分布图

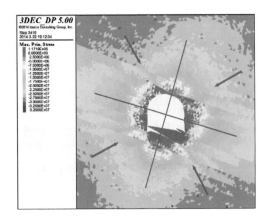

图 4-36　20°时巷道围岩最大主应力分布图

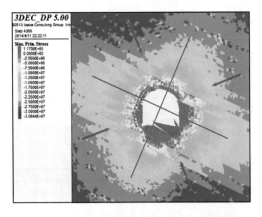

图 4-37　25°时巷道围岩最大主应力分布图

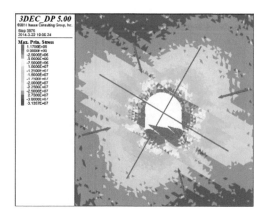

图 4-38　30°时巷道围岩最大主应力分布图

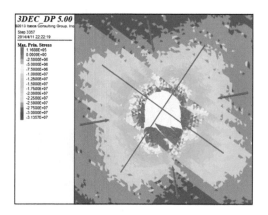

图 4-39　35°时巷道围岩最大主应力分布图

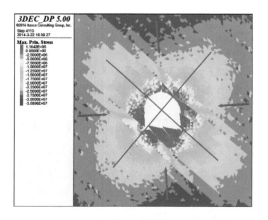

图 4-40　40°时巷道围岩最大主应力分布图

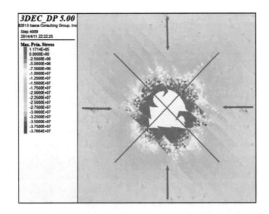

图 4-41　50°时巷道围岩最大主应力分布图

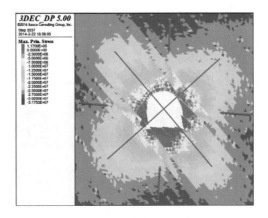

图 4-42　45°时巷道围岩最大主应力分布图

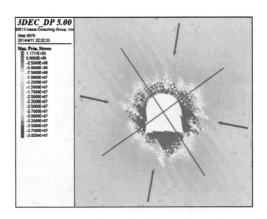

图 4-43　55°时巷道围岩最大主应力分布图

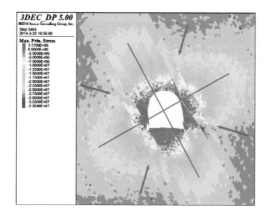

图 4-44　60°时巷道围岩最大主应力分布图

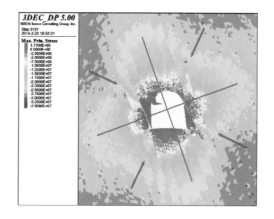

图 4-45　70°时巷道围岩最大主应力分布图

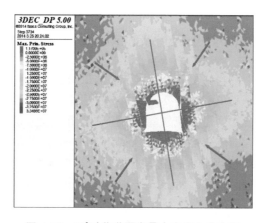

图 4-46　80°时巷道围岩最大主应力分布图

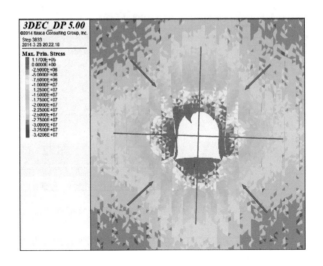

图 4-47　90°时巷道围岩最大主应力分布图

① 当岩层倾角小于 15°或大于 80°时,巷道围岩的最大主应力圈基本呈圆形分布,此时岩层倾角对于巷道最大主应力分布影响小。

② 当岩层倾角大于 15°而小于 80°时,巷道围岩中的最大主应力等值线呈异蝶形分布,其中分布中心在巷道中心。在岩层倾角为 45°时,这种情况最为明显。倾角越偏离 45°,这种情况越不明显。

③ 围岩中最大主应力分布曲线,以岩层倾向线和法向线为坐标轴,则在每个象限的平分线上最大主应力距离巷道表面最近。岩层法向和切向方向上的最大主应力距离巷道表面远,主应力图中已标明。

4.5　巷道围岩层间滑移离层随岩层倾角变化规律

不同倾角条件下倾斜岩层巷道围岩滑移离层情况(图 4-48 至图 4-61)表明:倾斜岩层巷道围岩垂直位移的主要区域集中在顶板弧线和岩层倾向相切部位和底板部位。巷道围岩层间滑移现象主要发生在巷道表面岩层倾向和巷道表面相切或平行部位;同时,随着岩层倾角的增加,围岩层间滑移和离层区域从岩层倾角较小时的顶底板分布逐渐转移到巷道两帮。岩层倾角和巷道的表面夹角越小,越容易发生离层和滑移现象,当岩层倾角和巷道表面平行时,巷道围岩以发生离层为主。

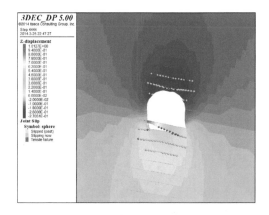

图 4-48   10°巷道围岩滑移离层分布图

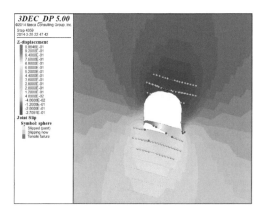

图 4-49   15°巷道围岩滑移离层分布图

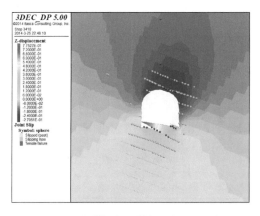

图 4-50   20°巷道围岩滑移离层分布图

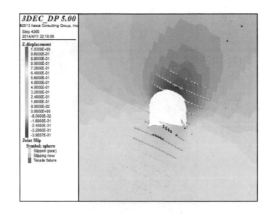

图 4-51　25°巷道围岩滑移离层分布图

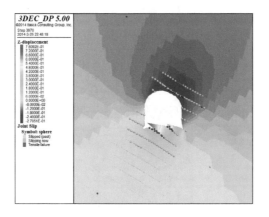

图 4-52　30°巷道围岩滑移离层分布图

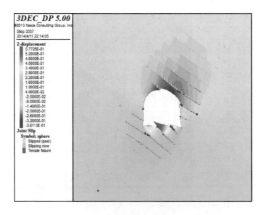

图 4-53　35°巷道围岩滑移离层分布图

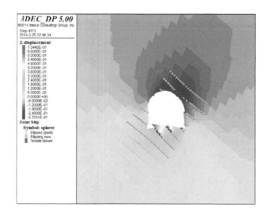

图 4-54 40°巷道围岩滑移离层分布图

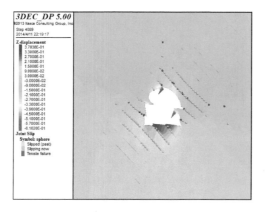

图 4-55 45°巷道围岩滑移离层分布图

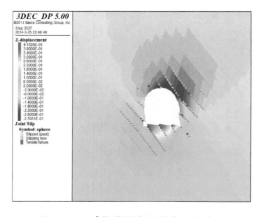

图 4-56 50°巷道围岩滑移离层分布图

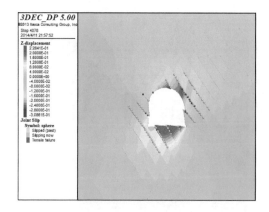

图 4-57　55°巷道围岩滑移离层分布图

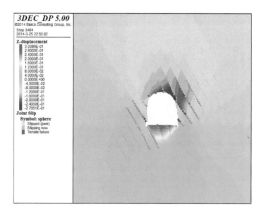

图 4-58　60°巷道围岩滑移离层分布图

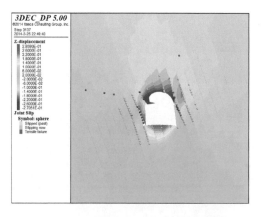

图 4-59　70°巷道围岩滑移离层分布图

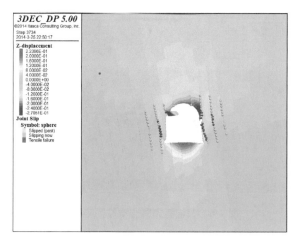

图 4-60 80°巷道围岩滑移离层分布图

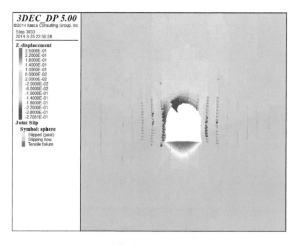

图 4-61 90°巷道围岩滑移离层分布图

4.6 巷道围岩塑性区分布随岩层倾角变化规律

不同倾角条件下巷道围岩塑性区的分布图(图 4-62 至图 4-75)表明,随着岩层倾角的变化,巷道围岩的塑性区分布形态和最大主应力的分布形态相同。巷道表面由于进入塑性状态而带来了最大主应力的降低,弹性状态中的岩体围岩应力较高。

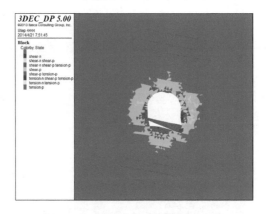

图 4-62　10°巷道围岩塑性区分布图

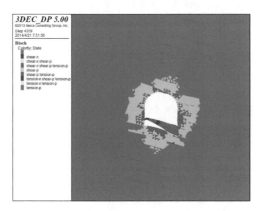

图 4-63　15°巷道围岩塑性区分布图

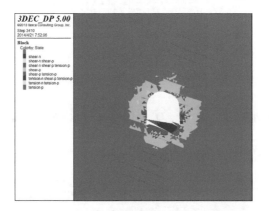

图 4-64　20°巷道围岩塑性区分布图

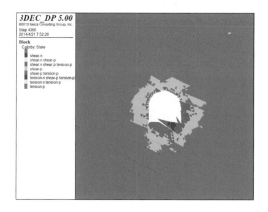

图 4-65　25°巷道围岩塑性区分布图

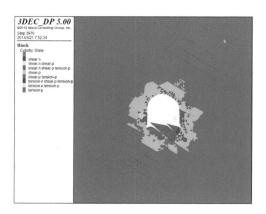

图 4-66　30°巷道围岩塑性区分布图

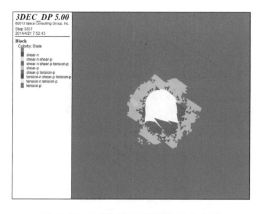

图 4-67　35°巷道围岩塑性区分布图

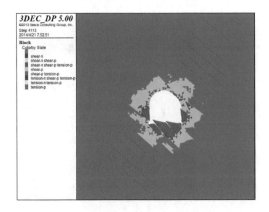

图 4-68　40°巷道围岩塑性区分布图

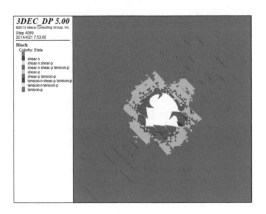

图 4-69　45°巷道围岩塑性区分布图

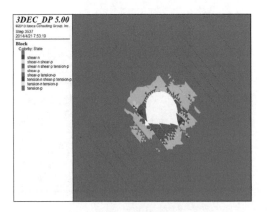

图 4-70　50°巷道围岩塑性区分布图

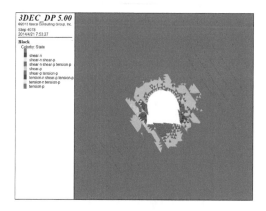

图 4-71　55°巷道围岩塑性区分布图

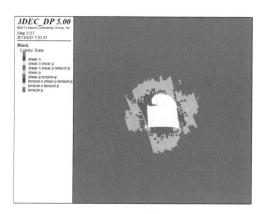

图 4-72　60°巷道围岩塑性区分布图

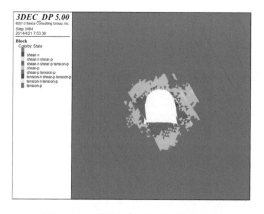

图 4-73　70°巷道围岩塑性区分布图

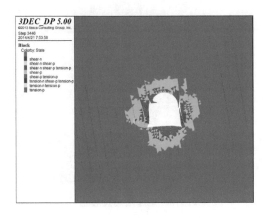

图 4-74　80°巷道围岩塑性区分布图

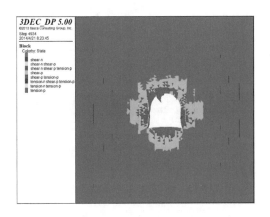

图 4-75　90°巷道围岩塑性区分布图

4.7　应力水平对倾斜岩层巷道变形影响规律

为了掌握不同应力水平下的巷道变形情况,选择了两种不同应力条件和两个不同的侧压系数进行数值模拟。两种不同的应力条件的侧压系数等于 1,一种是水平应力和垂直应力均为 30 MPa;另一种是水平应力和垂直应力均为 15 MPa。两种不同的侧压系数下,水平应力和垂直应力的比值 $\sigma_h : \sigma_v = 15$ MPa:30 MPa 和 $\sigma_h : \sigma_v = 30$ MPa:15 MPa。模拟结果分别如图 4-76 至图 4-83 所示。

图 4-76 至图 4-79 表明,当侧压系数等于 1 时,巷道围岩的位移等值线和

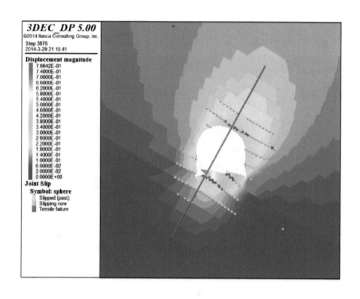

图 4-76 30∶30 巷道围岩位移和滑移趋势图

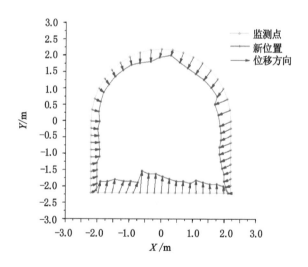

图 4-77 30∶30 巷道围岩位移矢量图

岩层层间滑移情况沿着岩层和巷道切点的法线左右对称,巷道围岩变形和破坏导致岩层间出现层间滑移和离层。巷道围岩位移大小、围岩位移范围、层间滑移量、层间滑移范围和巷道围岩所受的应力成正比,应力越高变形特征越

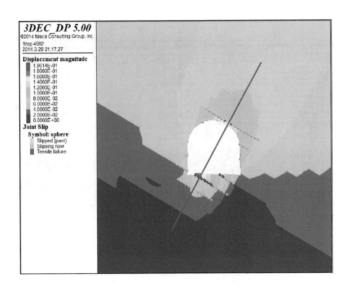

图 4-78   15∶15 巷道围岩位移和滑移趋势图

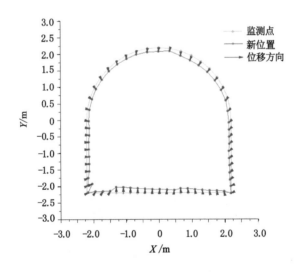

图 4-79   15∶15 巷道围岩位移矢量图

明显。

图 4-80 至图 4-83 表明:当侧压系数大于 1 时,巷道两帮位移比顶、底板位移

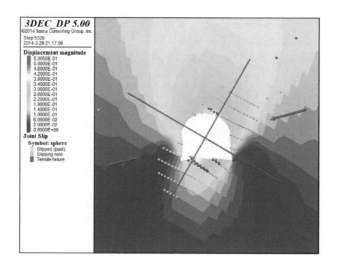

图 4-80　15：30 巷道围岩位移和滑移趋势图

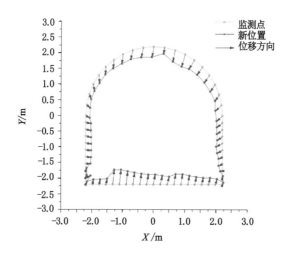

图 4-81　15：30 巷道围岩位移矢量图

大,两帮内围岩变形位移影响范围大,巷道围岩层间滑移主要集中在巷道顶板和底板内;当侧压系数小于 1 时,巷道顶、底板围岩位移比两帮大,巷道围岩层间滑移主要集中在巷道两帮。

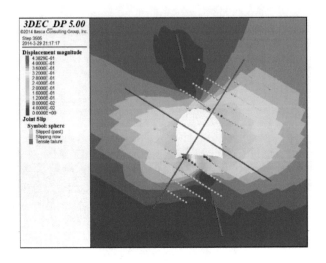

图 4-82　30∶15 巷道围岩位移和滑移趋势图

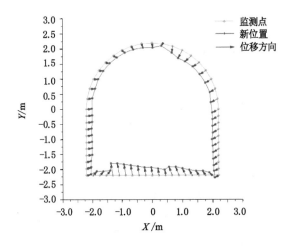

图 4-83　15∶30 巷道围岩位移矢量图

4.8　本章小结

通过对不同倾角倾斜岩层巷道变形的数值模拟,得出巷道围岩变形随岩层倾角的变化存在以下规律:

① 巷道不同部位围岩变形存在变形拐点,倾角小于 45°巷道变形以垂直位移为主。

② 倾角大于 45°巷道变形位移以水平位移为主;倾斜岩层巷道最大主应力分布形状受岩层倾角的影响明显,分布形状呈现异蝶形,以穿过巷道中心岩层法向线左右对称并随岩层倾角的增加而转动。

③ 盒图分析表明,岩层倾角越大巷道变形的非均称性越小。当侧压系数大于 1 时,巷道围岩位移集中在巷道两帮,层间滑移离层集中在顶底板;当侧压系数小于 1 时,巷道围岩变形和层间滑移的分布特征与之相反。

5 深部倾斜岩层巷道围岩变形控制技术

深部倾斜岩层巷道由于受到层状围岩的影响，围岩变形表现出时间上的不同步和空间上的不均匀等非均称特征。这种特征容易引起支护结构的失稳和破坏，增加了巷道支护的难度。本章结合前人的研究成果，提出了优先加固区的概念和围岩"应力优化-性能提升-结构强化"的深部倾斜岩层巷道围岩稳定性控制技术思路，通过优化组合现有的一些技术手段，形成了倾斜岩层巷道围岩非均称控制技术。

5.1 巷道围岩优先加固区与控制技术思路

（1）优先加固区

深部倾斜岩层巷道表现出非均称大变形，不同部位的巷道围岩变形在时间上和空间上不同步，即倾斜岩层巷道在围岩应力作用下产生非均称破坏，其早期破坏区的进一步扩展将导致巷道围岩结构的失稳和破坏，这些部位称为巷道的优先加固区，应优先加固，以此来保证巷道围岩的结构稳定。根据前文的分析结果可知，当岩层倾角为 40°时，巷道围岩的优先加固区如图 5-1 所示，具体包括巷道低帮肩角和巷道高帮底角部位。

对于深部倾斜岩层巷道的优先加固区，如果仅仅是优先加固，但不保证给予适当的支护强度，将会导致优先加固区部位的支护结构强度达不到要求，这个部分仍然要发生破坏，甚至进一步引起巷道围岩结构失稳，由此针对深部倾斜岩层巷道优先加固区，提出巷道围岩局部大变形-强支护、小变形-弱支护的"大-强、小-弱"局部强化的非均称支护方法，通过局部强化来控制岩层倾角带来的巷道两帮和顶底板的非均称变形。对优先加固区实施局部支护补强，提高局部支护强度，使巷道围岩在非均称支护结构的作用下发生均匀化变形，包括采用锚杆、锚索或锚索梁对巷道大变形区域进行局部强化。

（2）支护技术思路

卡斯特纳（Kastner）[124]根据经典的理想弹塑性理论，得到的地下硐室围岩

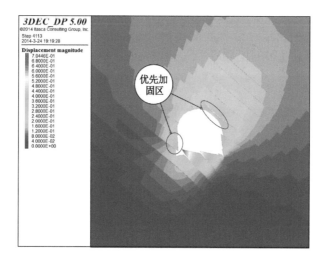

图 5-1 倾斜岩层巷道围岩优先加固区

特性曲线为巷道围岩控制设计提供了依据。根据目前巷道围岩稳定性的研究情况，结合围岩和支护结构的相互关系，提出围岩"应力优化-性能提升-结构强化"的深部倾斜岩层巷道围岩稳定控制技术思路，即巷道围岩应力优化、巷道围岩性能提升和巷道支护结构强度强化。深部倾斜岩层巷道稳定控制中，如果能够合理地使用这三个方面对应的技术手段，就能实现巷道围岩的长期稳定，实现巷道稳定性控制的最优化。

5.2 倾斜岩层巷道围岩应力状态优化技术

巷道围岩的应力状态受到巷道围岩所处的应力场影响，存在各种形式的应力集中，给维护巷道支护结构的稳定控制增加了困难，因此需要采取合理的技术手段改善围岩的应力状态，实现巷道支护结构的长期稳定。围岩应力改善技术主要可以分为两类：让压技术和卸压技术。

（1）让压技术手段

深部倾斜岩层巷道在位置布置上和支护方案设计上要受到各种实际条件的限制。深部巷道开挖涉及各种类型的岩层，地质力学环境复杂，受开采以及地质条件的影响，存在一些围岩应力集中的高应力区域，巷道位置布置设计中最好的让压手段就是人为的规避这些应力集中区域，将巷道布置在稳定的岩层中，或者使其处于应力降低的岩层中。例如，小煤柱沿空掘巷、沿空留巷等巷道布置方法，就是将巷道布置在采动应力降低范围内。但是，并不是所有的巷道都有这种工程条件。

处于应力集中区域的巷道,巷道变形时间长,变形量大。要保持这类巷道的稳定,就必须在巷道支护设计时给巷道预留一个变形空间来释放巷道围岩的变形能。让压技术还包括超边界开挖、带有大变形结构的支护材料等,如图 5-2 所示。

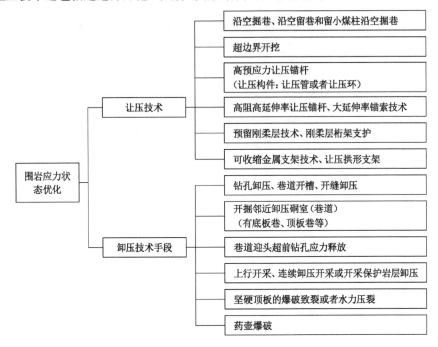

图 5-2　围岩应力优化支护技术体系

（2）卸压技术手段

由于让压技术手段是一个被动过程,它需要给岩体预留一个变形空间来降低压力,这就有可能进一步造成围岩力学性能劣化,因此采用主动手段来改变巷道围岩的应力环境,降低巷道围岩所受应力大小,特别是改变应力峰值位置,使围岩处于低应力状态,从而有利于巷道支护结构的稳定。这些技术手段包括:钻孔或开槽泄压、开拓卸压巷道或硐室、上行开采或开采保护层、坚硬顶板预裂爆破以及早期的药壶爆破等技术。

5.3　倾斜岩层巷道围岩性能提升技术

深部倾斜巷道围岩在应力作用下发生变形甚至破坏,主要原因是围岩应力超过了围岩自身力学承载极限,因此提高巷道围岩的物理力学性质(峰值强度、剪切强度、内摩擦角等)可以提高倾斜岩层巷道围岩稳定性。研究表明,可以通过注浆及锚索深孔注浆加固技术；锚杆、锚索的分步联合全长锚固技术；"三高锚固"技术和预应力锚索桁架技术来实现倾斜岩层巷道结构稳定，如图5-3所示。

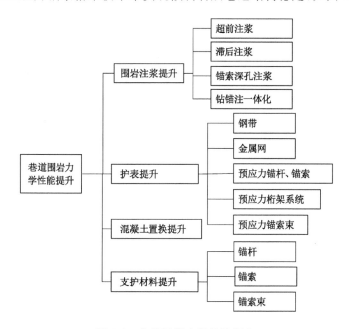

图 5-3 巷道围岩力学性能提升

（1）注浆及注浆锚索深孔注浆技术

注浆技术是将浆液注入岩体裂隙中，利用注入浆液的凝结来充填岩体裂隙和胶结破碎岩体，提高岩体强度。对于倾斜层状岩体，所注浆液固结后填充和胶结了节理间隙，增加节理面的内摩擦角，提高节理面的黏聚力；浆液固结体对节理间隙的填充增大了节理面的法向刚度和剪切刚度；浆液固结体对节理间隙的填充减小了节理面在外力作用下的损伤程度。

注浆材料的性能直接影响了注浆效果。注浆材料可分为：

① 颗粒性注浆材料，如单液水泥浆、黏土水泥浆、水泥-水玻璃浆等。

② 化学浆液注浆材料，化学浆液具有一些特殊的功能，如可控制凝结时间、防水作用等，但是有一些副作用，因此一般用于特殊用途，如堵水、密闭等。

③ 精细矿物注浆材料，包括天然和人造矿物，具有和化学浆液相同的一些功能，同时某些矿物浆液的性能已经接近或超过了化学浆液。

深部倾斜岩层巷道中围岩承载能力偏低，简单的注浆并不能达到要求，需要用锚索锚固更深层次的围岩来提供支护阻力。然而，目前锚索均采用端锚，锚固范围短，对巷道围岩的加固作用有限，并逐渐暴露影响锚索支护可靠性的锁具退锚、锚索拉断和锚固失效等问题;同时,对于巷道注浆加固还存在需要独立施工注浆孔和锚锁孔,存在浪费人力和物力以及施工进度慢等问题。针对这些缺点和问题,开发高强度注浆锚索及配套施工机具是解决上述问题的有效途径,也是在深部倾斜岩层巷道非均称变形等复杂困难条件下对普通锚索支护进行补强及注浆加固的有效措施。如图 5-4 所示,注浆锚索是将普通锚索芯用一根注浆管替代,并在锚索的尾部进行特殊加工,配合止浆塞和特殊工艺的索具组合而成。

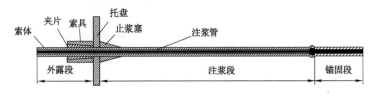

图 5-4 注浆锚索结构图

注浆锚索深孔注浆是通过注浆锚索实现比普通注浆更深的注浆效果,浆液通过锚索孔向四周扩散能够得到更大的注浆扩散范围,它能够加固巷道深部围岩的破碎岩体,在巷道围岩内形成比普通注浆更厚的加固圈,提高了围岩的自身力学性能;同时,由于浆液对锚索孔的填充,对锚索实现了全长锚固,提高了锚索的锚固效果,是一种高承载的主动支护形式。试验数据表明,注浆锚索深孔注浆后实际锚固力比普通端锚提高 1~3 倍,能够有效控制深部倾斜岩层巷道围岩的剧烈变形。

(2)围岩注浆,锚杆分步联合全长锚固技术

围岩注浆填充了巷道围岩的裂隙面,同时对于已经施工的锚杆支护系统,由于浆液沿着锚杆孔流动,对锚杆孔进行了填充,以及浆液沿孔壁的扩散等,形成了对锚杆系统的分步联合全长锚固:在巷道围岩支护时端锚锚固,围岩注浆后的全长锚固。深部倾斜岩层巷道围岩岩石力学性质较差,巷道围岩中有很多层理面存在,在深部围岩应力作用下,如果不及时进行有效的支护,巷道围岩极易发生层间滑移或者层间离层,甚至可能导致巷道围岩和支护结构失稳。针对端锚和加长锚固达不到锚固力要求,全长锚固技术可使锚固长度范围内的围岩都受到约束,限制上述现象的发生,减小巷道围岩的变形;全长锚固时锚杆杆体和围岩接触面增加,可大大增加层面及弱面的 c、φ 值[125];此外,全长锚固不仅可以使锚杆具有较高的锚固力,而且使锚杆具有一定的抗剪能力;同时,锚杆的全长锚固还可有效提高锚杆支护系统的刚度,限制围岩变形。

如图 5-5 所示,对于端锚和加长锚固锚杆,锚固剂的作用在于提供黏聚力,使锚杆能够承受一定的拉力,自由段杆体所受拉力沿杆长均匀分布,而锚固段拉力分布则呈非线性关系。在层理发育的岩层,锚固段由于锚固剂、杆体、围岩的

耦合作用,能够有效抵抗层状岩体的离层滑落,而锚固段以外的杆体,虽然也有一定的拉力作用,相较于锚固段,岩层离层的概率显著增大。多裂隙节理发育的巷道围岩,由于锚杆与围岩存在较大的空隙,所以只有围岩产生足够大的错动位移后锚固体的抗剪作用才得以发挥,而此时节理的抗剪强度已接近残余强度,当错动量进一步加大时,锚杆极有可能被剪断或拉断,导致锚固系统失效。全长锚固锚杆,锚固体与围岩可近似等效为一个整体,基于锚固剂的复杂作用,一旦节理剪切错动时,锚固体立即发挥作用,当节理达到最大剪切强度时,锚杆杆体也随之达到最大剪切强度,以充分发挥其抗剪能力。对于层状完整性良好的顶板,全长锚固锚杆使不同厚度的岩层复合成梁,阻止不同水平的岩层的垂直位移,并提供剪切阻力来阻止巷道顶板层间相对横向变形。若顶板岩层较破碎、裂隙节理发育,锚杆锚固作用则通过多根锚杆预紧力作用影响区叠加成拱,维持巷道围岩的稳定,全长锚固的抗剪作用,如图 5-6 所示。对于倾斜岩层巷道,采用全长锚固还能够有效地控制围岩层间滑移现象的产生。

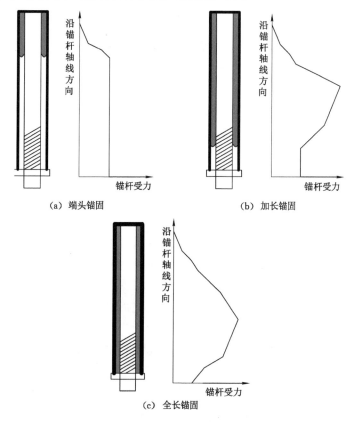

（a）端头锚固　　　　　　　　（b）加长锚固

（c）全长锚固

图 5-5　不同锚固方式及受力简图

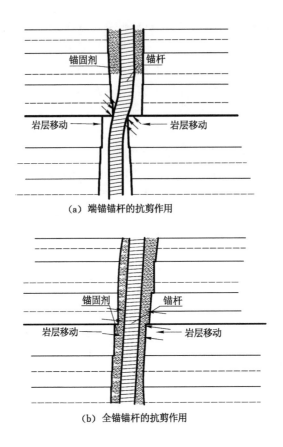

(a) 端锚锚杆的抗剪作用

(b) 全锚锚杆的抗剪作用

图 5-6 不同锚固方式抗剪效果图

（3）"三高"锚固技术

"三高"锚固技术是指高强度、高刚度和高预应力锚杆配合各种形式的相近力学性能的钢带、梯子梁及其他附表结构，共同组成的巷道围岩支护系统。

由于倾斜岩层巷道围岩中节理面的存在，围岩具有抗压能力强，抗拉和抗剪能力弱等特点。巷道开挖后，巷道围岩会产生变形，岩体内有裂隙产生，同时由于围岩倾角的存在，围岩还会有沿着层间节理面产生滑移和张开的趋势。此时如果锚杆的预应力不够大，则不能有效地阻止锚杆锚固区域内的岩体沿节理面张开或者沿节理面产生滑移。若在安装锚杆时施加足够大的预应力，就能很好地改善围岩应力环境，巷道围岩不至于沿节理面张开或者滑移（图 5-7）。因此，高预应力锚杆可以很好地控制围岩变形，延长巷道的稳定时间。

高强度：随着围岩应力的增大，要求锚杆支护系统的承载能力有大幅提高。

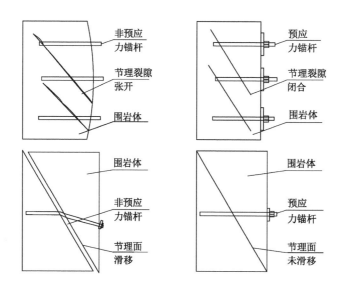

图 5-7　预应力锚杆防止节理滑移和张开

适应围岩变形大、地应力大的支护环境。因此，必须从杆体和其配套结构上提高强度，使用高强度、超高强度锚杆有效地控制围岩的不稳定蠕变变形。

高刚度：深部被支护体具有变形大、地应力大等特点，使用高刚度锚杆势在必行，高刚度主要体现在增阻速度快限制围岩变形。巷道开挖后，在应力重新平衡过程中，围岩变形必然向巷道内空间变形，高刚度锚杆随着围岩变形，迅速增大支护阻力，限制围岩变形，从而不被弯曲或折断。另外，锚杆支护预应力的扩散与传播对附表结构的刚度和强度有更高的要求。更重要的是，杆体在满足强度、刚度和延伸率的同时，附表配件必须与其在强度、刚度和尺寸上相配。

综上所述，"三高"锚杆通过自身的高强度、高刚度和高预应力，能够更好地控制巷道围岩的变形，提高围岩的一些力学参数，提高支护结构的稳定性，为深部倾斜岩层巷道的稳定性控制提供可靠的技术支持。

（4）预应力锚索桁架支护技术

预应力锚索桁架支护技术是将巷道肩角稳定区或帮部底角稳定区内深部岩体作为锚索锚固点，用桁架连接器将锚索连接起来，再用张拉机具张拉，将张拉力传递到顶板肩角或帮部上、下角深部的稳定岩层中，以此来提高顶板和帮部稳定性。如图 5-8 和图 5-9 所示，预应力锚索桁架结构自身具有一定的对外层结构的适应让压能力，同时其刚度能够保持支护结构的整体稳定性。顶板预应力锚索桁架结构比较有效地解决了深井煤巷顶板下沉变形破坏等带来的问题。帮部预应力锚索桁架结构以顶底角为锚固点，作用机理与顶板预应力锚索桁架结构相同,施工方式也基本一样。帮部桁架能够有效地维护巷道帮部稳定,从而限制帮部围岩的整体位移和局部变形。

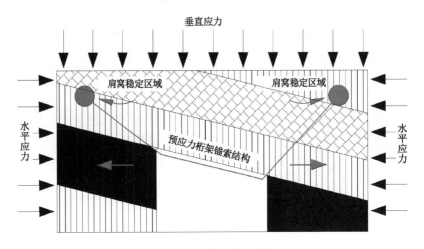

图 5-8　预应力桁架的承载结构与作用机理

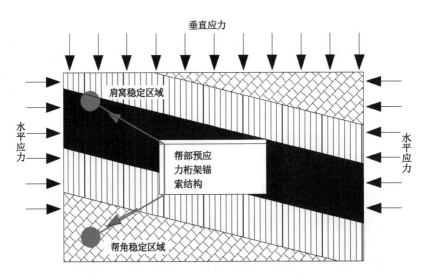

图 5-9　帮部竖向桁架布置图

　　预应力锚索桁架的锚固点位于巷道顶板肩角稳定区和帮角稳定区深部应力集中且不易破坏的三向受压的岩体内,受到巷道上方顶板和帮部的变形影响很小,为整个支护系统提供可靠的锚固基础。锚固点能随顶板的弯曲下沉和帮部的变形有适度的相对水平内移,预应力锚索桁架能很好地适应顶板和帮部岩体变形,受力合理增加且支护结构能与岩体耦合而形成一个闭锁结构,支护结构较为稳定不易失效。

预应力锚索桁架本身具有良好的抗剪性能,且长度较长、作用范围大,顶板离层和帮部变形对其几乎没有影响,所以能有效控制顶板和帮部因受力而发生的层间滑动或剪切破坏。

在预应力锚索桁架结构上施加的预应力及其支护力对顶板煤岩体会产生一种反向压应力,可以有效地阻止巷道顶板上方中部泥岩顶板或者软弱夹层的离层破坏,保持顶板的完整性;还可以阻止巷道帮部岩体的层间滑移现象的产生,保证帮部岩体的完整性,提高整个巷道支护结构和围岩的承载能力。预应力锚索桁架上的载荷能连续传递并且是一对相互作用力,不易受到集中力的作用而产生受力不均导致锚索崩断,施加很高的预拉力较为方便。同预应力锚索桁架配套使用的槽钢结构与顶板和帮部接触面积大,作用范围大,使顶板和帮部岩体的受力状态受到优化,对松散破碎顶板和帮部煤岩体具有良好的支护作用。

5.4　倾斜岩层巷道围岩支护结构强化技术

巷道支护结构包括已经采用的各种支护材料,如"锚杆+锚索"的主动支护结构,还有"金属支架(U型钢、工字钢、角钢、槽钢等)+壁后充填"的被动支护技术,为了适应深部倾斜岩层巷道的变形特征,支护设计重点强调动态性和非均称性,结合前面两类方法(围岩应力优化和围岩力学性能提升),进行围岩支护结构的优化设计。例如,锚网索联合支护时,强调锚网支护的及时性和锚索支护的滞后性,同时合理的支护时机对于围岩的优化控制有着重要的作用,如图 5-10 所示。

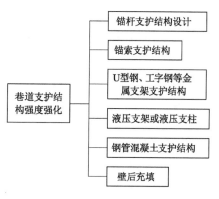

图 5-10　巷道支护结构强化技术体系

（1）内外承载结构、耦合支护技术

由于深部倾斜岩层巷道围岩在高应力作用下形成较大的破碎区和塑性区，并且巷道表面附近围岩不稳定，应力峰值相对无限靠近巷道表面附近，使得巷道围岩变形时间长。因此，控制巷道围岩的稳定就是控制围岩持续变形和围岩破碎，同时将围岩应力峰值向深部转移。李树清[126]和王进锋[127]结合巷道的围岩控制引入"内、外承载结构"的概念。图 5-11 为"内、外承载结构"的力学模型。其中，巷道半径 R_0；破碎区外半径 R_s；塑性区外半径 R_p；R_i 为内承载结构外半径；外承载结构内、外半径分别是 R_{bi}、R_{bo}。

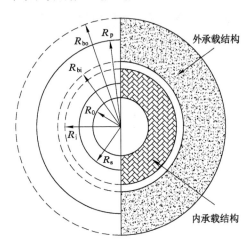

图 5-11　内外承载结构图

深部倾斜岩层巷道掘出过程中，围岩应力发生二次调整，巷道围岩发生变形和破坏，围岩破碎区和塑性区增大，如果不形成稳定的内承载结构，外承载结构就向巷道表面扩展，直到巷道表面的围岩破碎，会导致破碎范围的持续扩大。因此，需要在围岩表面形成内承载结构，阻止外承载结构向巷道表面移动。当内结构在强度、支护时间与外结构的形成实现耦合，外结构就能较早形成，巷道围岩就能尽快稳定而不至于大范围破坏。对于倾斜岩层巷道其破坏的主要原因是由于支护结构力学性质与层状围岩力学性质特性出现不耦合所造成的，使得围岩首先从某一部位开始变形破坏，进而导致整个支护系统的结构失稳。

要形成倾斜岩层巷道内外承载结构耦合支护，不能将各种支护结构简单叠加，而是应该根据倾斜岩层巷道围岩非均称大变形的特点，充分发挥各种支护结构的支护能力，保证围岩的稳定，从而实现巷道围岩与支护体在强度、刚度及结构上的耦合。

① 强度耦合。由于深部倾斜岩层巷道围岩本身具有较大的变形能，需要在支护时能够充分释放围岩的变形能。要实现强度耦合，就要在不破坏围岩的承载能力的前提下，允许支护体和围岩体的协调变形，还要利用支护体对围岩的强度进行修补，将应力集中向深部转移。

② 刚度耦合。由于倾斜岩层巷道围岩的破坏主要是非均称变形而引起的，因此支护体的刚度应与围岩的刚度耦合。支护体要有一定的柔度，允许巷道围岩有一定的变形，避免巷道围岩无法变形而引起能量集聚；同时支护体又要具有足够的刚度，将巷道围岩变形控制在一定范围内，防止围岩由于过度变形而破坏。

③ 结构耦合。对于倾斜岩层巷道围岩局部结构面产生的不连续变形和围岩的非均称变形，可通过进行非均称支护，形成非均称局部强度耦合支护，限制结构面产生的不连续变形，防止由于个别部位变形和破坏引起整个支护体的失稳，达到成功支护的目的。

（2）壁后充填支护技术

在巷道开挖过程中，会出现不同程度的局部超挖或垮落现象，采用支架支护时，在支架结构背后到巷道围岩表面将形成不同尺寸的壁后空间。壁后空间的存在对于支架结构会产生如下影响：

① 使支架受力状况恶化和承载能力降低。壁后空间的存在使支架结构与巷道围岩呈现点接触和线接触，当巷道表面围岩收敛变形时，支架将受到不均匀的集中载荷作用。

② 使巷道围岩松动圈范围扩大和围岩稳定性降低。

巷道开挖过程中形成的松动圈范围一般较小，但壁后空间的存在，使壁后空间范围内岩体处于无支护状态，支架不能及时向此部分围岩提供支护阻力，同时壁后空间也给围岩变形破坏提供了空间，导致围岩松动范围进一步扩大，最终导致巷道围岩的大面积失稳破坏。对于深部倾斜岩层巷道，壁后空间的存在将会导致巷道围岩沿着层状节理产生滑移，进一步造成支架结构的非均称受力，而导致支架结构的变形失稳。

如果在巷道开挖及支护后，及时用力学特性良好、强度适宜且具有一定可缩性的材料充填支架和围岩之间的壁后空间，使"围岩-充填体-支架"形成一个共同承载结构，有效地控制围岩松动圈的扩大和围岩位移的产生，限制层状岩体沿着节理面滑移，提高巷道支护结构和围岩稳定性，如图 5-12 所示。壁后充填有以下作用：

① 改善围岩和支架的受力条件。将来自围岩的外载荷通过充填层均匀地传递给支架，从而使支架承受均布载荷。研究表明，支架的整体承载能力可提高

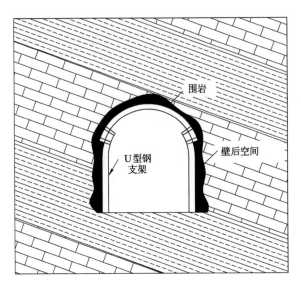

围岩

壁后空间

U型钢
支架

图 5-12　壁后充填示意图

5～6 倍,而且在 U 型钢可缩性连接构件处可实现平稳滑移,改善支架卡缆及支架构件的受力状况,减少支架的变形破坏。

② 及时封闭围岩。壁后充填将围岩封闭后,阻止了巷道围岩和空气接触,防止围岩的风化和吸水软化,防止围岩力学性能劣化。

③ 固结巷道表面裂隙岩体。采用具有一定流动性的充填材料进行压力充填,能起到固结巷道表面裂隙的充填效果,提高围岩的完整性。

④ 使支架及时抑制围岩变形。采用壁后充填后,支架和岩壁之间空区消失,围岩变形将直接作用于支架结构,支架承载力可限制围岩松动圈的扩大,使得围岩处于高围压下的稳定状态。

⑤ 应力缓冲,柔性支护。如果壁后充填材料具有一定的可缩性,则围岩应力重新分布时所释放的变形能可部分的被充填层吸收,从而降低支架所承受的载荷,充填层充当"缓冲"的作用。

一般情况下,壁后充填材料应具有一定的强度,以保证在支架极限承载能力范围内,具有良好的力学传递能力,充填层始终保持完整不破坏。具体来说,充填材料单轴抗压强度达到 3～4 MPa 即可满足要求。同时还需要具有良好的隔水性及在岩石裂隙中的渗透性。最后壁后充填材料还需要具有一定的可缩性,实现"围岩-充填层-支架"的协调变形。常用的充填材料按水灰比可分为以下:低水充填材料(水灰比<0.25):粉煤灰类充填材料、矸石分类充填材料;中水充填材料(水灰比=0.25～0.6):磷石膏、水泥砂浆、混凝土浆等;高水充填材料(水

灰比＞1）；ZKD 材料等。

5.5　本章小结

本章针对深部倾斜岩层巷道围岩的变形特征，提出了巷道围岩优先加固区的概念；阐释了"应力优化-性能提升-结构强化"的围岩控制技术思路，优化组合注浆锚索深孔注浆、全长锚固、"三高"锚固、预应力锚索桁架支护的围岩性能提升技术；介绍了内外承载结构、耦合支护技术、壁后充填等围岩结构强化技术；形成了深部倾斜岩层巷道围岩控制的技术体系。

6 工业性试验

6.1 深部倾斜岩层全岩巷道实例：曲江矿－850 m 水平东大巷延伸段

6.1.1 工程概况

（1）巷道基本情况

曲江矿业公司－850 m 水平东大巷延伸段沿走向布置在主采煤层底板岩层中，巷道设计长度 1 013 m；服务年限 46.8 年。该巷道主要为开辟新采区服务，提供运输、进风等用途。

（2）巷道围岩赋存特征

巷道从东大巷向东延伸施工，掘进为全岩，岩性为粉砂岩，灰黑色，薄至中厚层状，夹薄层状泥岩及细砂岩条带，含少量菱铁矿结核，产植物根茎化石，节理发育，钙泥质胶结，硬度中等偏低。该采区采 B4 煤层，煤层厚 2.6～3.0 m，该采区岩层总体成单斜状，岩层走向 40°～60°，倾向 SW，倾角 10°～15°。图 6-1 为岩层综合柱状图。

（3）工程位置

工程位置见图 6-2。

（4）原支护方式

－850 m 水平东大巷延伸段巷道规格为半圆拱形，净宽×净高＝4.4 m×3.5 m，净断面为 13.3 m²。巷道采用锚、梁、网、喷、锚索组合支护，锚杆规格 $\phi20\times2\,000$ mm，排间距 800 mm×800 mm，每排 13 套，托盘尺寸 150 mm×150 mm，厚10 mm，螺母 M18，每根锚杆采用 1 节 K2335 树脂药卷和 1 节 Z2335 树脂药卷加长锚固，锚杆扭矩≥150 N·m；梯子梁规格 $\phi10\times8$ mm；8 号铁丝网规格 3.6 mm×1.9 m；喷浆水泥为强度等级为 42.5 的普通硅酸盐水泥，沙为纯净的河沙，石子直径不大于 15 mm，喷浆厚度 100 mm；锚索为 7 股 $\phi15.24\times6\,300$ mm 钢绞线，间排距 1 mm×1.6 m。每排 3 套，每根锚索采用 1 节 K2335

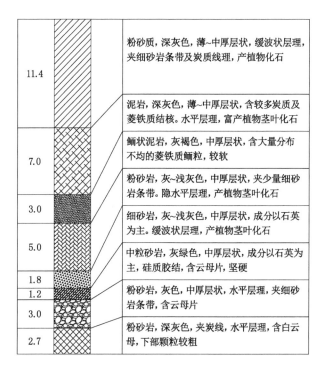

11.4		粉砂质，深灰色，薄~中厚层状，缓波状层理，夹细砂岩条带及炭质线理，产植物化石
		泥岩，深灰色，薄~中厚层状，含较多炭质及菱铁质结核。水平层理，富产植物茎叶化石
7.0		鲕状泥岩，灰褐色，中厚层状，含大量分布不均的菱铁质鲕粒，较软
		粉砂岩，灰~浅灰色，中厚层状，夹少量细砂岩条带。隐水平层理，产植物茎叶化石
3.0		细砂岩，灰~浅灰色，中厚层状，成分以石英为主。缓波状层理，产植物茎叶化石
5.0		中粒砂岩，灰绿色，中厚层状，成分以石英为主，硅质胶结，含云母片，坚硬
1.8		
1.2		粉砂岩，灰色，中厚层状，水平层理，夹细砂岩条带，含云母片
3.0		
2.7		粉砂岩，深灰色，夹炭线，水平层理，含白云母，下部颗粒较粗

图 6-1　岩层综合柱状图

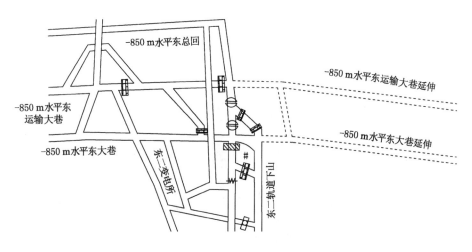

图 6-2　工程位置平面图

树脂药卷和 3 节 Z2335 树脂药卷锚固,初锚力≥60 kN,如图 6-3 所示。

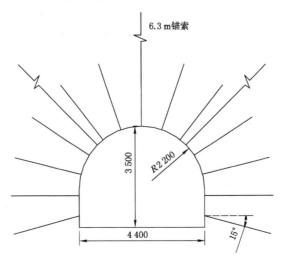

图 6-3　巷道原支护方案图

6.1.2　巷道围岩变形破坏原因分析

(1) 原支护方案巷道变形破坏特征分析

由于巷道埋深在 900 m 左右,受到深部高应力和岩层倾角的影响,虽然采用"高强锚杆＋锚索＋混凝土喷层"支护,巷道围岩仍然产生较大非均称变形,表现为顶板喷浆层和围岩有严重离层、开裂和崩落等现象,其中顶板开裂(图 6-4)主要集中在顶板靠近低帮侧肩角处,巷道个别地段底、帮鼓出严重(图 6-5),巷道两帮不对称鼓出,U 型钢拱架被压弯,甚至巷道围岩大变形导致巷道结构失稳,严重影响煤矿正常生产。

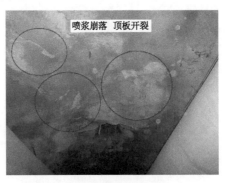

图 6-4　顶板开裂

图 6-5　巷道低帮鼓出

（2）巷道围岩矿物成分分析

对－850 m 水平大巷围岩矿物成分进行 X 射线衍射仪分析，分别见表 6-1、图 6-6 和图 6-7。分析结果表明，－850 m 水平大巷含高岭石、斜绿泥石和方解石等黏土矿物较多，此种围岩遇水后极易软化、泥化，严重影响巷道的稳定。由此表明，巷道内施工水对于巷道底板内的岩层性质有明显影响。

表 6-1　－850 m 水平大巷围岩矿物成分

岩层名称	石英 SiO_2	高岭石 $Al_2Si_2O_5(OH)_4$	斜绿泥石 $Mg_3Mn_2AlSi_3AlO_{10}(OH)_8$	方解石 $CaCO_3$	菱铁矿 $FeCO_3$
－850 m 水平东大巷上部砂岩	47.9%	7.4%	—	7.9%	36.8%
－850 m 水平东大巷	54.3%	25.7%	20%		

（3）巷道变形破坏机理分析

在现场观测和岩性分析的基础上，根据深部倾斜岩层巷道围岩应力环境，分析得出巷道破坏的主要原因有：

① 巷道围岩为倾斜层状岩体，非均质层状岩体和岩层倾角导致巷道围岩产生非均称变形，巷道围岩自稳能力差。

② 巷道埋深接近 900 m，原岩应力大，巷道围岩强度较低，工程应力对巷道围岩破坏明显，巷道围岩变形大，变形时间长。

③ 巷道围岩矿物成分分析表明，巷道围岩中含有高岭石和斜绿泥石，高岭石的主要特性是遇水崩解，斜绿泥石遇水软化，巷道底板内部有大量的施工水，底板岩石软化严重。

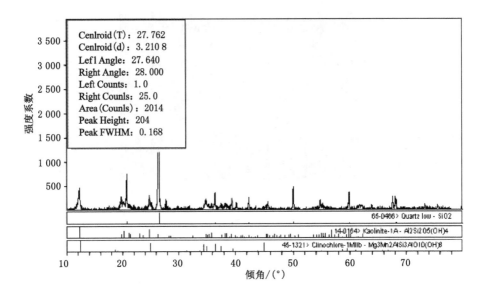

图 6-6　－850 m 水平东大巷围岩中砂岩 X 衍射图谱

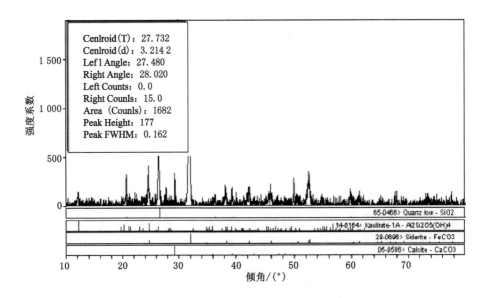

图 6-7　－850 m 水平东大巷围岩中泥岩 X 衍射图谱

6.1.3 巷道围岩支护思路与支护方案

（1）支护思路

根据巷道围岩破坏现状和相关理论，支护设计思路有下面几点：

① 巷道围岩力学性质提升。巷道处在深部高应力条件下，由于巷道围岩自身的强度较小，加上由于巷道的开挖而引起的应力二次分配，在巷道表面形成应力集中，由此造成巷道表面附近的围岩处于屈服状态而产生大量裂纹；同时，由于巷道围岩是层状、非均质各向异性岩体，由此造成巷道围岩力学性质不均，存在薄弱区域。因此，采用深浅孔耦合注浆，不仅能提高巷道表面附近裂纹、破碎围岩的力学性质，还能够提高岩层节理面抗拉强度，提升巷道围岩的力学性质。

② 巷道围岩局部非均称强化支护。采用"大强小弱"的大变形强支护，小变形弱支护的原则，对于巷道围岩容易变形的区域（低帮肩角和高帮底角）进行局部强化支护，从而形成巷道围岩在支护结构上的应力均匀化。

③ 耦合支护。在巷道全断面施工锚杆和锚索，形成内外应力承载结构。巷道浅部围岩和锚杆形成内承载结构，锚索将深部巷道围岩和浅部的内承载结构连接形成耦合的支护结构。

（2）支护方案设计

根据以上分析可知，对于深部围岩巷道支护的主要目的是尽快提高内结构围岩强度，阻止围岩中集中应力的相对无限外移，尽早形成内外承载结构。确定巷道的总体技术为：分步联合、分级强化支护技术，如图 6-8 所示。

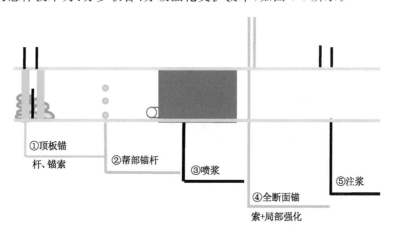

图 6-8　巷道支护施工步骤图

针对围岩变形特点,对整个断面采用"锚杆＋金属网＋喷浆＋锚索＋注浆"的巷道围岩力学性质提升和局部非均称强化支护,全断面锚索和局部强化支护的综合支护方式。具体方案如下:

初次支护:采用锚杆、金属网、梯子梁和巷道喷浆;

二次支护:全断面锚索、局部强化和巷道围岩注浆。

针对巷道的肩角、两帮和底鼓的不规则变形,结合现场巷道变形和数值模拟结果,采用不对称强化改进支护方案,具体支护参数如图 6-9。在顶板低帮肩角处加一根锚索补强,控制顶板的离层;在变形量大的左帮加大锚杆密度。采用全断面锚索增加巷道周围的应力承载圈的厚度控制巷道的变形。

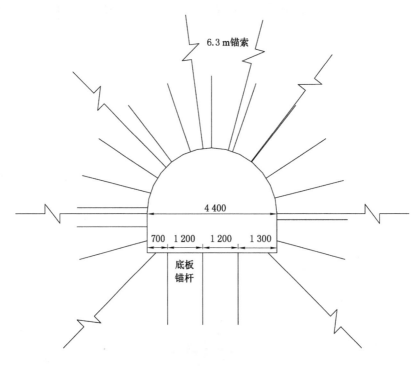

图 6-9　改进后支护方案图

锚杆选用规格为 $\phi 22 \times 2\ 200$ mm 的左旋无纵筋螺纹钢锚杆,锚杆材质为 BHRB500 左旋无纵筋螺纹钢。每根锚杆使用 3 卷 K2350 树脂锚固剂,锚固力不低于 70 kN,锚杆间排距为 700 mm×700 mm,如图 6-9 所示。全断面挂金属网和钢筋梯子梁,金属网为 $\phi 6$ mm,网格 100 mm×100 mm。金属网接茬处必须有锚杆加钢筋梯子梁将其上紧并紧贴岩面,网间搭茬长度不少于 100 mm,钢筋梯子梁由直径 12 mm 圆钢焊制而成。

锚索直径为 17.8 mm,由 1×19 的钢绞线制作,锚索长度 6 300 mm,设计如图 6-9 所示,间距为 1 m,排距为 1.4 m。树脂端部锚固,锚固长度为 1.6 m。每根锚索使用 4 卷 K2350 树脂锚固剂,锚固力不低于 12 t。锚索垫板采用两块垫板叠加,其规格分别为 350 mm×350 mm×10 mm 和 150 mm×150 mm×10 mm 的正方形垫板,大垫板在上,小垫板在下。

注浆采用深浅孔耦合注浆。浅孔注浆孔长度为 2 m,顶拱和两帮的间、排距均为 2 m×1.5 m;底板的间、排距均为 1.2 m×1.2 m。浅孔注浆布置如图 6-10 所示。

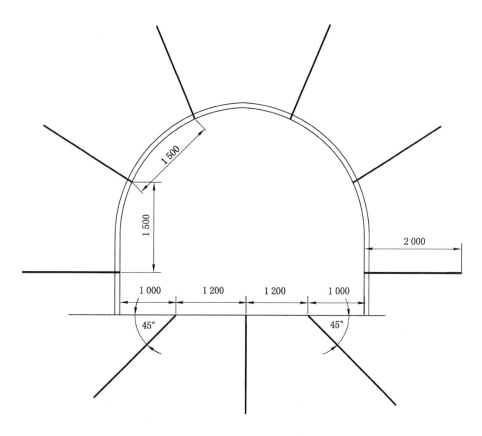

图 6-10 浅孔注浆布置图

深孔注浆孔深 5 m,顶拱和两帮的注浆孔的间、排距均为 2 m×1.5 m,底板的间、排距均为 2 m×1.2 m。深孔注浆布置如图 6-11 所示。

注浆孔采用风动凿岩机打眼,采用 ϕ42 mm 的钻头。注浆施工中采用设备

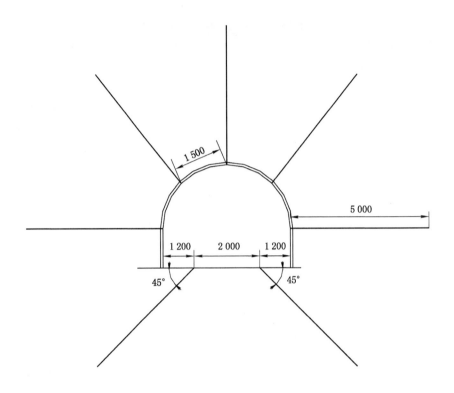

图 6-11　深孔(5 m)注浆布置图

为 KBY-50/70 型注浆泵,注浆管路采用 ϕ25 mm 高压胶管及多层胶管,其他配件按设计加工,保证管路连接安全、快速、可靠。采用强度等级为 42.5 的普通硅酸盐水泥材料和单液注浆泵,注浆管为无缝普通铁管,外径 20 mm,长 1.5 m。采用快硬水泥封孔。根据围岩具体情况,采用注浆终压为 2 MPa,水灰比 1∶0.75,水玻璃掺量为水泥用量的 3%,水玻璃浓度为 45°Be。进行注浆时,先进行浅孔注浆,后进行深孔注浆。这两步注浆之间应有一定时间间隔,即浅孔注浆强度达到 80%再进行深孔注浆。

6.1.4　效果分析

(1) 巷道表面变形现场监测分析

为了验证改进支护方案后的围岩控制效果,在改进支护方案前后的巷道内分别设置了观测点,通过对观测点 2 个月表面收敛数据的测量,分别如图 6-12 和图 6-13 所示。

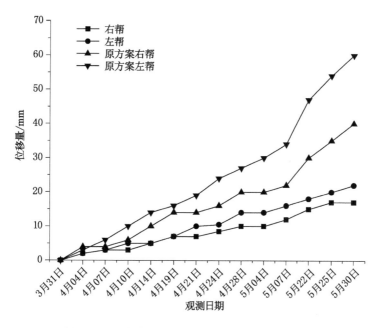

图 6-12 原方案和改进方案两帮位移对比曲线图

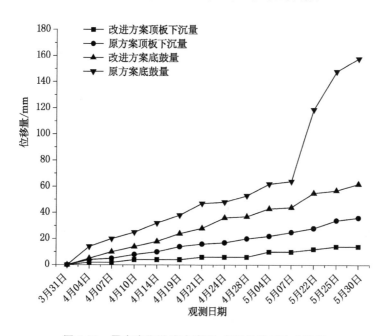

图 6-13 原方案和改进方案顶、底板位移对比曲线图

对比观测结果可以看出改进支护方案后两帮的收敛量有明显的减小，2个月的最大收敛量分别从原来的方案的 60 mm 和 40 mm 下降到 22 mm 和 18 mm，变形量只有原来 36.7% 和 45%。同时从变形曲线可以看出，原方案变形量没有出现平缓稳定的趋势，而新的支护方案围岩的变形量呈现逐渐稳定的趋势。改进支护方案后两帮的收敛量有明显的减小，2个月的最大底鼓量和最大顶板下沉量分别从原方案的 160 mm 和 38 mm 下降到 60 mm 和 14 mm，变形量只有原来的 37.5% 和 36.8%。另外，从变形曲线可以看出，原方案的底鼓速度还在增加，而新方案的底鼓量和顶板下沉量都呈现逐渐稳定的趋势。

现场观测情况表明，通过顶板的不对称支护以及两帮和底角的锚索加固，能够适应深部高应力的环境，可以有效地降低巷道围岩的变形量。

（2）围岩内部注浆效果分析

为了检验注浆效果，用 YTJ20 窥视仪对采用新支护方案的围岩内部注浆效果进行了探测。采用新的支护方案前，−850 m 水平东大巷延伸段在巷道围岩 3 500 mm 以内裂隙发育。采用新方案支护试验后，对试验段巷道进行了 12 个孔的窥视，典型窥视效果如图 6-14 所示。窥视结果表明，距离巷道表面 1 000 mm 内围岩存在少数裂隙，超过 2 000 mm 则很少出现裂隙，注浆扩散半径大概在 4 200 mm 左右。因此，进行了"预应力锚索＋注浆加固"支护巷道的围岩内部结构完整性较好，这表明注浆效果良好。试验结果表明，通过注浆能尽快形成外结构，并通过围岩应力场影响内结构的形成，当外结构在强度、支护时间与内结构的形成实现耦合时，内结构就能较早形成，巷道围岩保持稳定。

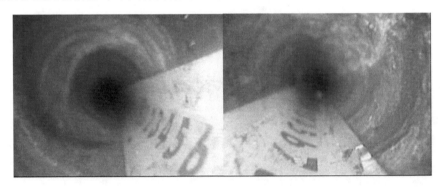

图 6-14　巷道围岩注浆效果观测图

（3）社会效益和经济效益分析

"全断面非均称局部强化预应力锚索＋注浆"为核心的综合支护技术，不但可以抑制巷道的大变形，而且施工工艺较为简单，工作易于掌握，生产效率高。

该支护能大大地减少巷道返修次数,节约大量成本,提高掘进速度。

巷道支护成本由原来的 7 215 元/m 减少到现在的 5 611 元/m。目前,共计节约锚杆、锚索、其他支护材料费用和人工费共用 85 万/1 000 m 巷道。同时,提高了采掘速度,比原来多采出煤炭约 10 000 t,创造经济效益 1 200 万元。直接创造纯利润为 500 万元左右。

6.2 倾斜岩层小煤柱巷道实例:淮南谢桥矿 12521 工作面轨道巷

6.2.1 巷道基本情况

1252(1)工作面位于−610 m 水平,W1 采区,主采 11-2 煤,地面标高为 +22.3～+24.9 m,工作面标高为−642～−720 m。巷道位于工作面以北,标高为−642 m,工作面东起西翼 11-2 煤层采区下山,西至 F5 边界断层,北部为 1242(1)工作面;工作面自东向西煤层顶、底板起伏较大,总体上为两端高,中间低,煤岩层产状为 180°～200°∠10～18°,煤层平均倾角为 14.5°。11-2 煤为黑色,粉末状及块状,属半暗型煤,煤层普遍发育一层夹矸,局部夹矸相变为伪顶,夹矸为泥岩或炭质泥岩,泥岩厚 0～0.4 m,平均厚 0.2 m;煤层厚 1.5～3.0 m,平均厚 2.4 m。巷道围岩条件见表 6-3。

表 6-3　巷道围岩条件

岩层名称	层厚/m	岩性描述	岩层名称
砂泥互层	20.21	浅灰白色细砂岩与浅灰色泥岩互层,局部夹有厚层状花斑泥岩	砂泥互层
砂质泥岩	4.0	浅灰色,岩性较脆,易碎	砂质泥岩
细砂岩	4.98	浅灰色,含少量泥质成分,见少量裂隙	细砂岩
泥岩	4.37	深灰色,致密,局部含粉砂岩质透镜体	泥岩
细砂岩	2.75	浅灰-浅灰白色,波状层理,见少量裂隙	细砂岩
泥岩	2.49	灰 5 深灰色,裂隙滑面发育,见植物化石碎片。	泥岩
煤	2.4	黑色,粉末状,局部有夹矸,结构 0.4(0.20)1.8 属半暗型煤	煤
泥岩	4.05	深灰色,含粉砂质薄层,少见植物化石碎片	泥岩
细砂岩	2.6	浅灰色,含较多暗色矿物及白云母,见裂隙	细砂岩
泥岩	0.78	灰-灰黑色,含灰质及大量植物化石碎片	泥岩
细砂岩	5.34	浅灰-灰白色,细粒结构,裂隙充填泥质或方解石	细砂岩

6.2.2 巷道支护设计思路与具体参数

轨道巷标高为-642 m,地表标高为$+24\sim+25$ m,实际埋深接近700 m,属于亚深部矿井,为保证巷道在超前采动压力的影响下仍然能够满足安全生产需要,预留巷道断面以满足变形的要求,巷道断面为直墙斜顶形:净宽×中高=5 000 mm×3 000 mm。

(1)巷道围岩所处岩层倾角为15°左右,对同类巷道的变形观测表明巷道两帮围岩会发生非均称变形,因此在巷道支护设计时需要考虑预防巷道非均称变形的产生,设计时考虑了如下原则:

① 大变形区域识别:同类巷道的观测结果表明,巷道高帮底角附近为小煤柱倾斜岩层巷道大变形和易破坏区域,因此需要对巷道高帮底角附近进行局部强化支护,在高帮的底角附近特别设计一套走向锚索梁进行局部强化支护。

② 巷道顶板同两帮的连接处、巷道低帮同两帮的连接处,由于巷道表面在此相交,存在应力集中情况,为了优化帮角应力分布,故将两帮在帮角处的锚杆和两帮的夹角接近20°布置,由此更好地控制帮角位移。

③ 巷道断面为斜顶矩形,顶板较容易破坏,因此需要在顶板进行局部强化支护,顶板支护设计中设计锚索梁。

(2)巷道锚杆索支护参数(图6-26)如下:

① 巷道顶板采用7根左旋锚杆专用螺纹钢高强预拉力锚杆加5.0 m长M3型钢带、10#菱形金属网联合支护,锚杆规格为ϕ22-M24-2800 mm,锚杆间距800 mm,排距900 mm。

② 巷道低帮为实体煤帮,采用4根左旋锚杆专用螺纹钢高强预拉力锚杆加2.3 m长M3型钢带、10#菱形金属网联合支护,锚杆规格为ϕ20-M22-2500 mm。锚杆间距为700 mm,排距为900 mm,帮角处锚杆和低帮夹角成20°布置。

③ 巷道高帮为小煤柱帮,采用6根左旋锚杆专用螺纹钢高强预拉力锚杆加3.0 m长M3型钢带、10#菱形金属网联合支护,锚杆按钢带眼位打眼。锚杆规格均为ϕ20-M22-2500 mm。锚杆间距为700 mm,排距为900 mm,帮角处锚杆和低帮夹角成20°布置。

④ 顶板每排锚杆中间一套高预应力锚索梁。沿顶板中线两侧各900 mm布置锚索钻孔,锚索梁排距900 mm,锚索与顶板垂直,钢绞线规格为ϕ17.8×6 300 mm,钢绞线下铺设2 200 mm长T2型钢带或16#槽钢,钢带或槽钢上两眼间距1 800 mm。

⑤ 高帮走向锚索梁支护参数:在巷道高帮布置一套高预应力走向锚索梁,距巷道底板1 000 mm处布置锚索钻孔,锚索梁采用2 500 mm长16#轻型

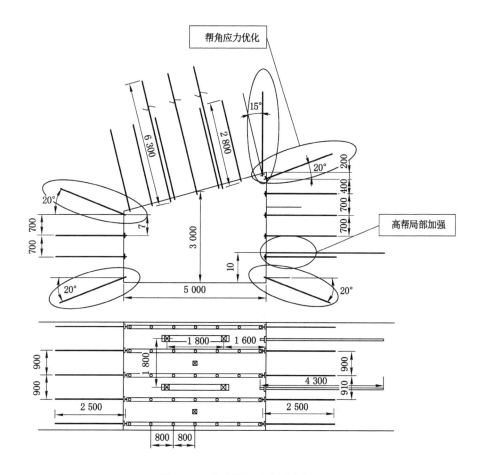

图 6-26 巷道锚杆索支护参数图

槽钢,锚索间距 700 mm,锚索与顶板垂直,钢绞线规格为 $\phi 22 \times 4\,000$ mm,预紧力 80~100 kN,锚固力不低于 200 kN。走向锚索梁施工滞后迎头不得超过50 m。

6.2.3 效果分析

(1)现场情况

图 6-27 表明,在巷道回采前,巷道稳定性好,断面成型规则。图 6-28 为巷道高帮走向锚索梁和钻孔应力计。

(2)巷道围岩表面变形特征

为了跟踪支护方案对于巷道稳定性的控制效果,在巷道内安装了表面收敛

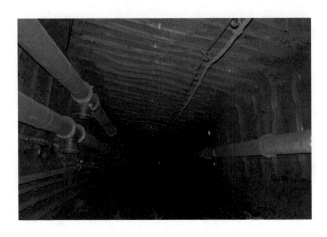

图 6-27　巷道支护效果图

图 6-28　高帮锚索梁布置图

测站和多点位移计,观测巷道围岩表面收敛量和围岩内部的多点位移。具体观测结果见图 6-29。

　　从巷道表面的变形情况来看,支护方案能够有效地控制巷道的变形,即使是在工作面超前压力的影响下,直至工作面推进到测站,巷道仍然能够保证有较大的断面,巷道两帮最大收缩率为 19%,顶底板最大收缩率为 12%,能够有效地保障工作面生产的正常进行。

　　(3) 煤柱内部多点位移特征(局部强化支护)

　　图 6-30 为巷道高帮围岩内部多点位移计不同测点的变化值。图 6-31 为多点位移计相邻两个测点之间长度变化曲线图。

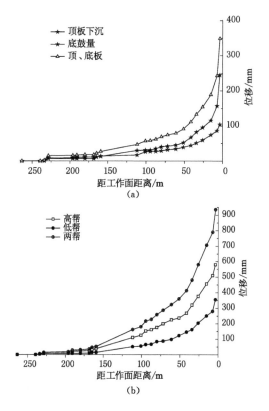

(a)

(b)

图 6-29　巷道表面位移变化曲线

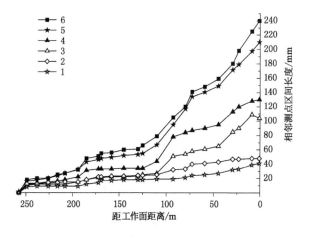

图 6-30　多点位移计读数变化曲线

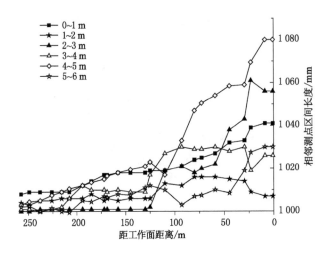

图 6-31   相邻测点的长度变化曲线

图 6-31 表明,随着监测点与工作面距离的缩短,小煤柱围岩内部出现宏观裂纹,多点位移计的读数逐渐增加,高帮围岩中宏观裂纹主要集中在 2~3 m 和 4~5 m。其中,2~3 m 是巷道表面锚杆的锚固段,锚杆受力后带动锚固段向外移动。从图中可以看出,2~3 m 出现了大量的宏观裂纹;4~5 m 范围是高帮锚索梁的锚固范围。因此,在小煤柱变形受力以及锚固段受力向外移动后,在 4~5 m 范围内形成了大量的宏观裂纹。

(4)巷道围岩应力增量分布特征

为了进一步的掌握巷道的支护方案对于巷道稳定性的控制效果,还监测了巷道围岩内应力变化和工作面之间距离的关系。应力的增加采用 ZLGH-40G 型振弦式钻孔应力计测量。

图 6-32 和图 6-33 分别为两帮钻孔应力计随着观测点距离工作面变化时应力变化情况曲线。将数据通过 Origin 软件进行整理形成巷道围岩随工作面距离变化应力增量场等高线图和三维立体图,分别如图 6-34 和图 6-35 所示。

图 6-34 和图 6-35 表明,巷道的围岩应力增加情况,在超前 100 m 以内,应力增加大,巷道高帮内出现了应力双峰现象,这种现象的出现是因为高帮浅部锚杆支护和深部走向锚索梁形成了有效的内外加固结构,内外加固结构限制了加固区煤岩体的变形,故在锚索锚固范围内应力增加超过了锚固范围外的应力增加。采用锚索梁局部加强支护技术控制应力较低的倾斜岩层巷道高帮变形,能够有效控制高帮的变形量,最终小煤柱高帮的变形量和低帮比较接

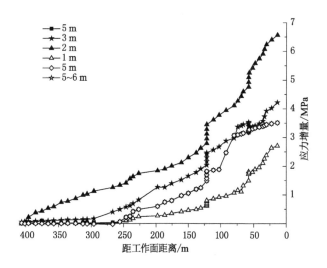

图 6-32　高帮垂直应力观测曲线

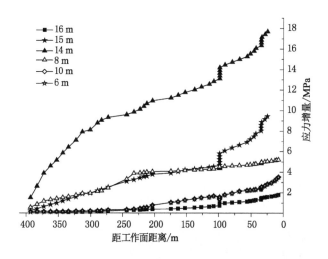

图 6-33　低帮垂直应力观测曲线

近。同时,在高帮内形成了应力双峰结构,有效地提高了小煤柱的承载能力。实践证明,该方案能够有效地确保小煤柱在超前压力作用下保持巷道断面达到预定的要求。

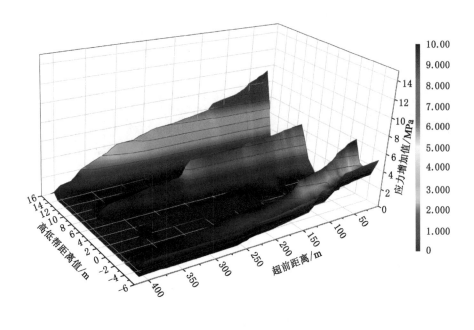

图 6-34　巷道两帮应力增加图

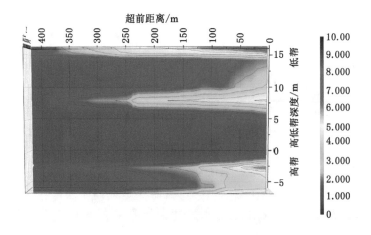

图 6-35　巷道两帮应力增加等值线图

6.3 本章小结

本章结合深部全岩巷道曲江矿－850 m 水平东大巷、深部半煤岩巷道曲江矿 601 巷道和淮南谢桥矿小煤柱沿空巷道 3 种条件下的倾斜岩层巷道案例分别应用前述章节中的围岩力学性质提升的注浆、深孔注浆、全长锚固、"三高"锚固和预应力锚索桁架等技术和支护结构强化的内外承载结构、耦合支护技术进行工程验证。现场观测数据表明，提出的倾斜岩层巷道围岩稳定性控制技术体系具有良好的适应性。

参 考 文 献

[1] 煤炭科学院北京煤化学研究所.工业的粮食[M].北京:煤炭工业出版社,1985.

[2] 翟红,令狐建设.阳泉矿区瓦斯治理创新模式与实践[J].煤炭科学技术.2018,46(2):168-175.

[3] 袁亮,林柏泉,杨威.我国煤矿水力化技术瓦斯治理研究进展及发展方向[J].煤炭科学技术.2015,43(01):45-49.

[4] 王永炜.中国煤炭资源分布现状和远景预测[J].煤,2007,16(5):44-45.

[5] 毛节华,许惠龙.中国煤炭资源分布现状和远景预测[J].煤田地质与勘探,1999,27(3):1-4.

[6] 张农,李希勇,郑西贵,等.深部煤炭资源开采现状与技术挑战[C]//佚名.全国煤矿千米深井开采技术会议论文集.徐州:中国矿业大学出版社,2013.

[7] 何满潮,谢和平,彭苏萍,等.深部开采岩体力学研究[C]//第四届深部岩体力学与工程灾害控制学术研讨会暨中国矿业大学(北京)百年校庆学术会议论文集.北京:中国矿业大学(北京),2009.

[8] 辛亚军,勾攀峰,贠东风,等.大倾角软岩回采巷道围岩失稳特征及支护分析[J].采矿与安全工程学报,2012,29(5):637-643.

[9] 刘少伟,张辉,张伟光,等.倾斜煤层回采巷道上帮煤体滑移危险分析与应用[J].中国矿业大学学报,2011,40(1):14-17.

[10] 于远祥,洪兴,陈方方.回采巷道煤体荷载传递机理及其极限平衡区的研究[J].煤炭学报,2012,37(10):1630-1636.

[11] 于远祥.巷道底鼓机理及其控制技术研究[C]//佚名.岩石力学与工程的创新和实践:第十一次全国岩石力学与工程学术大会论文集.武汉:湖北科学技术出版社,2010.

[12] 杨科,谢广祥.大倾角煤层回采巷道非对称锚网索支护与实践[J].地下空间与工程学报,2013,9(4):924-927.

[13] 李树清,王卫军,潘长良.深部巷道围岩承载结构的数值分析[J].岩土工程学报,2006,28(3):377-381.

[14] 李树清,潘长良,王卫军.锚注联合支护煤巷两帮塑性区分析[J].湖南科技大学学报(自然科学版),2007,22(2):5-8.

[15] 张农,李宝玉,李桂臣,等.薄层状煤岩体中巷道的不均匀破坏及封闭支护[J].采矿与安全工程学报,2013,30(1):1-6.

[16] 王宁波,张农,蓝海东,等.急倾斜特厚煤层采空区现场地面与地下协同探测分析[J].西安科技大学学报,2013,33(1):7-11.

[17] 勾攀峰,辛亚军.大倾角煤层回采巷道顶板结构体稳定性分析[J].煤炭学报,2011,36(10):1607-1611.

[18] 勾攀峰,辛亚军,张和,等.深井巷道顶板锚固体破坏特征及稳定性分析[J].中国矿业大学学报,2012,41(5):712-718.

[19] 勾攀峰,辛亚军,申艳梅,等.深井巷道两帮锚固体作用机理及稳定性分析[J].采矿与安全工程学报,2013,30(1):7-13.

[20] 负东风,王晨阳,苏普正,等.大倾角软顶软煤回采巷道支护技术[J].煤炭科学技术,2010,38(10):13-16.

[21] 负东风,辛亚军,姬红英,等.大倾角"三软"突出煤层回采巷道顶板监测与支护[J].西安科技大学学报,2010,30(3):260-265.

[22] 负东风,辛亚军,苏普正,等.大倾角软岩顶板回采巷道支护系统耗散结构平衡分析[J].煤炭技术,2010,29(5):84-86.

[23] 王卫军,侯朝炯.急倾斜煤层放顶煤顶煤破碎与放煤巷道变形机理分析[J].岩土工程学报,2001,23(5):623-626.

[24] 王卫军,朱川曲,熊仁钦.急倾斜煤层顶煤可放性识别的神经网络模型[J].煤炭学报,2000,25(1):38-41.

[25] 王卫军,侯朝炯,柏建彪,等.综放沿空巷道顶煤受力变形分析[J].岩土程学报,2001,23(2):2001-211.

[26] 王卫军,陈良棚.急倾斜煤层巷道放顶煤放煤巷道合理定位分析[J].湘潭矿业学院学报,1999,14(2):12-15.

[27] 常聚才,谢广祥,罗勇,等.急倾斜煤层全煤巷道锚网索支护参数设计[J].煤炭科学技术,2007,35(1):46-48.

[28] 张国锋,曾开华,张春,等.旗山矿倾斜煤夹层巷道破坏机理及支护设计研究[J].采矿与安全工程学报,2011,28(1):22-27.

[29] 冯仁俊,王俊超.急倾斜煤层巷道围岩变形破坏机理及支护研究[J].世界科技研究与发展,2013,35(3):360-364.

[30] 来兴平,马敬,张卫礼,等.急倾斜煤层煤岩变形局部化特征现场监测[J].西安科技大学学报,2012,32(4):409-414.

[31] 孟波,靖洪文,陈坤福,等.软岩巷道围岩剪切滑移破坏机理及控制研究[J].岩土工程学报,2012,34(12):2255-2262.

[32] 杨旭旭,靖洪文,陈坤福,等.深部原岩应力对巷道围岩破裂范围的影响规律研究[J].采矿与安全工程学报,2013,30(4):495-500.

[33] 姜耀东,赵毅鑫,刘文岗,等.深部开采中巷道底鼓问题的研究[J].岩石力学与工程学报,2004,23(14):2396-2401.

[34] 何满潮,齐干,程骋,等.深部复合顶板煤巷变形破坏机制及耦合支护设计[J].岩石力学与工程学报,2007,26(5):987-993.

[35] WALTER K. Report on an apparatus for consummate investigation of the mechanical properties of soils[C]//1st international conference on soil mechanics and foundation engineering. Harvard:International Society for Soil Mechanics and Geotechnical Engineering,1936.

[36] 张坤勇,殷宗泽,徐志伟.国内真三轴试验仪的发展及应用[J].岩土工程技术,2003,17(5):289-293.

[37] 吴国溪.真三轴仪的研制和试验及其参数在地基基础与上部结构共同作用中的应用[D].上海:同济大学,1987.

[38] 杨正,杨克修.DMS100-800大型真三轴自动伺服控制模型试验设备的设计[J].岩土力学,1994,15(1):74-79.

[39] 朱俊高,卢海华,殷宗泽.土体侧向变形性状的真三轴试验研究[J].河海大学学报,1995,23(6):28-33.

[40] 姜耀东,刘文岗,赵毅鑫.一种新型真三轴巷道模型试验台的研制[J].岩石力学与工程学报,2004,23(21):3727-3731.

[41] 张强勇,李术才,尤春安,等.新型组合式三维地质力学模型试验台架装置的研制及应用[J].岩石力学与工程学报,2007,26(1):143-148.

[42] 张强勇,李术才,尤春安.新型岩土地质力学模型试验系统的研制及应用[J].土木工程学报,2006,39(12):100-103.

[43] 张强勇,李术才,郭晓红.组合式地质力学模型试验系统及其在分岔隧道工程中的应用[J].岩土工程学报,2007,29(9):1337-1343.

[44] 朱维申,张乾兵,李勇,等.真三轴荷载条件下大型地质力学模型试验系统的研制及其应用[J].岩石力学与工程学报,2010,29(1):1-7.

[45] 石露,李小春.真三轴试验中的端部摩擦效应分析[J].岩土力学,2009,30(4):1159-1164.

[46] 张平松,胡雄武,刘盛东.采煤面覆岩破坏动态测试模拟研究[J].岩石力学与工程学报,2011,30(1):78-83.

［47］勾攀峰,李德海.回采巷道周边锚固体变形破坏特征的实验研究［C］//佚名.第六次全国岩石力学与工程学术大会论文集.北京:中国科学技术出版社,2000.

［48］郭文兵,李楠,王有凯.软岩巷道围岩应力分布规律光弹性模拟实验研究［J］.煤炭学报,2002,27(6):596-600.

［49］伍永平,曾佑富,解盘石,等.急倾斜重复采动软岩巷道失稳破坏分析［J］.西安科技大学学报,2012,32(4):403-408.

［50］伍永平,王俊超,解盘石,等.相似模拟实验中锚杆测力计的研制与应用［J］.采矿与安全工程学报,2012,29(3):371-375.

［51］伍永平,于水,高喜才,等.深部软岩煤巷底鼓控制技术［J］.煤炭科学技术,2012,40(6):5-7.

［52］张永涛.急倾斜煤层巷道围岩变形破坏特征及支护技术研究［D］.西安:西安科技大学,2011.

［53］张永涛,古江林,王道成,等.大倾角煤层回采巷道相似模拟研究［J］.陕西煤炭,2011,30(2):37-39.

［54］王宁波,张农,崔峰,等.急倾斜特厚煤层综放工作面采场运移与巷道围岩破裂特征［J］.煤炭学报,2013,38(8):1312-1318.

［55］王宇锋,王飞,张洪乐.急倾斜煤层巷道支护结构轴向变形模拟试验［J］.煤炭科学技术,2011,39(5):37-40.

［56］李丹,夏彬伟,陈浩,等.缓倾角层理各向异性岩体隧道稳定性的物理模型试验研究［J］.岩土力学,2009,30(7):1933-1938.

［57］刘刚,赵坚,宋宏伟,等.断续节理岩体中围岩破裂区的试验研究［J］.中国矿业大学学报,2008,37(1):62-66.

［58］刘刚,赵坚,宋宏伟,等.断续节理方位对巷道稳定性的影响［J］.煤炭学报,2008,33(8):860-865.

［59］牛双建,靖洪文,杨旭旭,等.深部巷道破裂围岩强度衰减规律试验研究［J］.岩石力学与工程学报,2012,31(8):1587-1596.

［60］牛双建,靖洪文,杨大方.深井巷道围岩主应力差演化规律物理模拟研究［J］.岩石力学与工程学报,2012,31(S2):3811-3820.

［61］牛双建,靖洪文,张忠宇,等.深部软岩巷道围岩稳定控制技术研究及应用［J］.煤炭学报,2011,36(6):914-919.

［62］牛双建,靖洪文,梁军起.不同加载路径下砂岩破坏模式试验研究［J］.岩石力学与工程学报,2011,30(S2):3966-3974.

［63］侯圣权,靖洪文,杨大林.动压沿空双巷围岩破坏演化规律的试验研究［J］.

岩土工程学报,2011,33(2):265-268.

[64] 陈坤福,靖洪文,杨圣奇.深部巷道围岩应力演化规律的模型试验研究[C]//佚名.岩石力学与工程的创新和实践:第十一次全国岩石力学与工程学术大会论文集.武汉:湖北科学技术出版社,2010.

[65] 张明建,郜进海,魏世义,等.倾斜岩层平巷围岩破坏特征的相似模拟试验研究[J].岩石力学与工程学报,2010,29(S1):3259-3264.

[66] 曾开华,许家雄,张国锋.深部巷道破坏过程相似模拟实验研究[J].金属矿山,2011(9):44-48.

[67] 杨永康,季春旭,康天合,等.大厚度泥岩顶板煤巷破坏机制及控制对策研究[J].岩石力学与工程学报,2011,30(1):58-67.

[68] 王忠福,刘汉东,王四巍,等.深部高地应力区软岩巷道模型试验及数值优化[J].地下空间与工程学报,2012,8(4):710-715.

[69] 查文华,谢广祥,罗勇.不同支护形式下急倾斜煤层巷道支护对比实验研究[J].煤矿安全,2006,37(6):4-7.

[70] KENT F L,COGGAN J S,ALTOUNYAN P F R. Investigation into factors affecting roadway deformation in the selby coalfield[J]. Geotechnical & Geological Engineering,1998,16(4):273-289.

[71] 张蓓,曹胜根,王连国,等.大倾角煤层巷道变形破坏机理与支护对策研究[J].采矿与安全工程学报,2011,28(2):214-219.

[72] 冯俊伟,冯光明,郑保才.大倾角煤层回采巷道锚杆支护的数值模拟分析[J].煤炭工程,2007,39(2):73-75.

[73] 金淦,郝光生.半煤岩回采巷道围岩稳定性及控制的数值分析[J].煤矿开采,2012,17(1):55-58.

[74] 杨仁树,朱衍利,吴宝杨,等.大倾角松软厚煤层巷道优化设计及数值分析[J].中国矿业,2010,19(9):73-77.

[75] 何满潮,王晓义,刘文涛,等.孔庄矿深部软岩巷道非对称变形数值模拟与控制对策研究[J].岩石力学与工程学报,2008,27(4):673-678.

[76] 王晓义,何满潮,杨生彬.深部大断面交岔点破坏形式与控制对策[J].采矿与安全工程学报,2007(3):283-287.

[77] 李刚,梁冰,张国华.高应力软岩巷道变形特征及其支护参数设计[J].采矿与安全工程学报,2009,26(2):183-186.

[78] 秦涛,刘永立,冯俊杰,等.急倾斜煤层巷帮变形失稳数值模拟[J].辽宁工程技术大学学报(自然科学版),2013,32(5):582-586.

[79] KULATILAKE P H S W,WU Q,YU Z X,et al. Investigation of stability

of a tunnel in a deep coal mine in China[J]. International Journal of Mining Science and Technology,2013,23(4):579-589.

[80] DEHGHAN S,SHAHRIAR K,MAAREFVAND P,et al. 3-D modeling of rock burst in pillar No. 19 of Fetr6 chromite mine[J]. International Journal of Mining Science and Technology,2013,23(2):237-242.

[81] BACKSTROM A,JONSSON M,CHISTIANSSON R, et al. Analysis of factors that affect and controls the excavation disturbance/deformation zone In crystalline rock:the ISRM International Symposium on Rock Mechanics-SINO-ROCK ,May 19-22,2009[C]. Hongkong:International Society for Rock Mechanics,2009.

[82] 荣冠,朱焕春,王思敬.锦屏一级水电站左岸边坡深部裂缝成因初探[J].岩石力学与工程学报,2008,27(S1):2855-2863.

[83] 郭东明,杨仁树,王雁冰,等.大倾角松软厚煤层巷道支护的不连续变形分析[J].煤炭科学技术,2011,39(4):21-24.

[84] 唐治,潘一山,阎海鹏,等.急倾斜煤柱开采后对巷道影响的数值模拟[J].中国地质灾害与防治学报,2010,21(2):64-67.

[85] 王连国,缪协兴,董健涛,等.深部软岩巷道锚注支护数值模拟研究[J].岩土力学,2005,26(6):983-985.

[86] 包海玲,孟益平,巫绪涛,等.深部倾斜巷道变形机理的数值模拟[J].合肥工业大学学报(自然科学版),2012,35(5):673-677.

[87] 陶连金,张倬元,王泳嘉.大倾角煤层回采巷道的锚固分析[J].地质灾害与环境保护,1997,8(4):27-32.

[88] 贾蓬,唐春安,杨天鸿,等.具有不同倾角层状结构面岩体中隧道稳定性数值分析[J].东北大学学报,2006,27(11):1275-1278.

[89] 李学华,杨宏敏,张东升.下伏煤层开采引起的大巷变形规律模拟研究[J].煤炭学报,2006,31(1):1-5.

[90] 来兴平,程文东,刘占魁.大倾角综采放顶煤开采数值计算及相似模拟分析[J].煤炭学报,2003,28(2):117-120.

[91] YANG X J,PANG J W,LIU D M,et al. Deformation mechanism of roadways in deep soft rock at Hegang Xing'an Coal Mine[J]. International Journal of Mining Science and Technology,2013,23(2):307-312.

[92] YANG J P,CAO S G,LI X H. Failure laws of narrow pillar and asymmetric control technique of gob-side entry driving in island coal face[J]. International Journal of Mining Science and Technology, 2013, 23（2）:

267-272.

[93] YAN S,BAI J B,LI W F,et al. Deformation mechanism and stability control of roadway along a fault subjected to mining[J]. International Journal of Mining Science and Technology,2012,22(4):559-565.

[94] MU Z L,DOU L M,HE H,et al. F-structure model of overlying strata for dynamic disaster prevention in coal mine[J]. International Journal of Mining Science and Technology,2013,23(4):513-519.

[95] 何满潮,高尔新.软岩巷道耦合支护力学:21世纪学科生长点[C]//世纪之交的煤炭科学技术学术年会论文集.北京:中国煤炭学会,1997.

[96] 何满潮,高尔新.软岩巷道耦合支护力学原理及其应用[J].水文地质工程地质,1998,25(2):1-4.

[97] 张农,高明仕.煤巷高强预应力锚杆支护技术与应用[J].中国矿业大学学报,2004,33(5):34-37.

[98] 张农,侯朝炯,王培荣.深井三软煤巷锚杆支护技术研究[J].岩石力学与工程学报,1999,18(4):69-72.

[99] 张农,侯朝炯,陈庆敏,等.岩石破坏后的注浆固结体的力学性能[J].岩土力学,1998,19(3):50-53.

[100] 张农,王成,高明仕,等.淮南矿区深部煤巷支护难度分级及控制对策[J].岩石力学与工程学报,2009,28(12):2421-2428.

[101] 张农,李桂臣,许兴亮.顶板软弱夹层渗水泥化对巷道稳定性的影响[J].中国矿业大学学报,2009,38(6):757-763.

[102] 张农,袁亮,王成,等.卸压开采顶板巷道破坏特征及稳定性分析[J].煤炭学报,2011,36(11):1784-1789.

[103] 王卫军,彭刚,黄俊.高应力极软破碎岩层巷道高强度耦合支护技术研究[J].煤炭学报,2011,36(2):223-228.

[104] 王卫军,杨磊,林大能,等.松散破碎围岩两步耦合注浆技术与浆液扩散规律[J].中国矿业,2006,15(3):70-73.

[105] 邵光宗,冯增强,柳耀财.深部软岩耦合支护实践[C]//佚名.中国岩石力学与工程学会软岩工程专业委员会第二届学术大会论文集.北京:煤炭工业出版社,1999.

[106] WATTIMENA R K,KRAMADIBRATA S,SIDI I D,et al. Developing coal pillar stability chart using logistic regression[J]. International Journal of Rock Mechanics and Mining Sciences,2013,58:55-60.

[107] PETHO S Z,SELAI C,MASHIY D,et al. Managing the geotechnical

and mining issues surrounding the extraction of small pillars at shallow depths at Xstrata Coal South Africa[J]. Journal of the Southern African Institute of Mining and Metallurgy,2012,112(2):105-118.

[108] WANG H W,JIANG Y D,ZHAO Y X,et al. Numerical investigation of the dynamic mechanical state of a coal pillar during longwall mining panel extraction[J]. Rock Mechanics and Rock Engineering,2013,46(5): 1211-1221.

[109] NIELEN V D M. Rock engineering method to pre-evaluate old,small coal pillars for secondary mining[J]. Journal of the Southern African Institute of Mining and Metallurgy,2012,112(1):1-6.

[110] 马念杰,赵志强,冯吉成.困难条件下巷道对接长锚杆支护技术[J].煤炭科学技术,2013,41(9):117-121.

[111] 李学华,侯朝炯,柏建彪,等.高应力巷道围岩应力转移技术与工程应用研究[C]//全国煤矿千米深井开采技术座谈会论文集.徐州:中国矿业大学出版社,2013.

[112] 孙晓明,张国锋,蔡峰,等.深部倾斜岩层巷道非对称变形机制及控制对策[J].岩石力学与工程学报,2009,28(6):1137-1143.

[113] 李术才,王琦,李为腾,等.深部厚顶煤巷道让压型锚索箱梁支护系统现场试验对比研究[J].岩石力学与工程学报,2012,31(4):656-666.

[114] 王琦,李术才,李为腾,等.深部厚顶煤巷道让压型锚索箱梁支护系统布置方式对比研究[J].岩土力学,2013,34(3):842-848.

[115] 刘泉声,刘学伟,黄兴,等.深井软岩破碎巷道底臌原因及处置技术研究[J].煤炭学报,2013,38(4):566-571.

[116] 孙利辉,杨本生,杨万斌,等.深部巷道连续双壳加固机理及试验研究[J].采矿与安全工程学报,2013,30(5):686-691.

[117] 高玮.岩石力学[M].北京:北京大学出版社,2010.

[118] 陈祖煜.岩质边坡稳定分析(原理方法程序)[M].北京:水利水电出版社,2005.

[119] 张辉.超千米深井高应力巷道底鼓机理及锚固技术研究[D].北京:中国矿业大学(北京),2013.

[120] 刘鸿文.材料力学:第五版[M].北京:高等教育出版社,2011.

[121] RICHARD E. Goodman. Introduction to rock mechanics, 2nd Edition [M]. New york:John wiley,Inc. ,1989.

[122] 姜耀东,刘文岗,赵毅鑫.一种新型真三轴巷道模型试验台的研制[J].岩

石力学与工程学报,2004,23(21):3727-3731.

[123] 蔡美峰.岩石力学与工程 蔡美峰[M].北京:科学出版社,2013.

[124] KASTNER H. Statik des Tunnel-und Stollenbaues auf der Grundlage geomechanischer Erkenntnisse[M]. Berlin, Heidelberg: Springer Berlin Heidelberg,1962.

[125] 刘拴亮.全长锚固锚杆的锚固效应分析[J].山西煤炭,2005,25(3):1-3.

[126] 李树清.深部煤巷围岩控制内、外承载结构耦合稳定原理的研究[D].长沙:中南大学,2008.

[127] 王进锋.高应力软岩回采巷道锚杆(索)耦合支护技术研究[D].西安:西安科技大学,2008.